情绪

道德

思维

情

【升级版】

你有多 自律，
就有多 自由

卡西 著

生活

财务

婚姻

工作

爱情

北京日报出版社

图书在版编目（CIP）数据

你有多自律，就有多自由：升级版 / 卡西著. --
北京：北京日报出版社，2021.10
ISBN 978-7-5477-4096-5

Ⅰ.①你… Ⅱ.①卡… Ⅲ.①成功心理—通俗读物
Ⅳ.①B848.4-49

中国版本图书馆CIP数据核字(2021)第198380号

你有多自律，就有多自由（升级版）

出版发行：北京日报出版社
地　　址：北京市东城区东单三条8-16号东方广场东配楼四层
邮　　编：100005
电　　话：发行部：（010）65255876
　　　　　总编室：（010）65252135
印　　刷：运河（唐山）印务有限公司
经　　销：各地新华书店
版　　次：2021年10月第1版
　　　　　2021年10月第1次印刷
开　　本：880毫米×1230毫米　1/32
印　　张：8.25
字　　数：178千字
定　　价：48.00元

你有多自律，就有多强的免疫力

你是否了解自己的免疫力现状

你有没有问过自己：如果现在不上班，你手里的钱可以维持多久？

很多人的日常消费是比较高的，房贷、车贷、生活用度、社交支出、孩子的学杂费等，他们赚钱的途径脆弱单一，花钱的地方却层出不穷。

甚至有些人一直在花明天的钱，为今天的消费埋单，每个月都要面对信用卡和花呗账单，不上班，就意味着没有持续的经济来源，将陷入极大的金钱困境。

2020年，一场突如其来的新冠肺炎疫情，打乱了所有人的人生规划，有人失去生命，有人失去工作，有的企业倒闭，有的企业濒临破产，在"黑天鹅"事件面前，没有人能独善其身。

那个时候大多数人只能等待，等待生活恢复正常运转，不用面临巨大的病毒威胁，不用陷入巨大的债务危机，不再被动地承受失去。

可是等待的过程又有众生百态，对那些工作是唯一经济来源的人来说，失去工作，生活已经停摆；对那些租房的人来说，隔离在老家，却仍然要支付另一个城市的房租。

疫情给我们带来了前所未有的考验，我们终于直面自己的生活现状：熬夜玩手机，除了消耗时间和健康，没有带来任何益处；总是焦虑，大喊大叫，情绪崩溃，却解决不了任何问题；过度消费，买名牌包买、大牌衣服，除了透支信用卡，也没有带来足够的尊严和体面，只出不进的钱，多么令人恐惧。

了解自己的现状，其实也很简单，不妨列份清单问问自己：目前的年龄是多大，单身还是已婚育，薪资待遇增长空间有多大，每个月的收入和支出分别是多少，可拿来应急的资金有多少，身体是否健康，情绪是否稳定。然后再深入思考一下，一旦发生意外风险，你预备怎么办？

面对同样的困境，有人没有储蓄，债务累累，有人却照常生活，从容不迫。这就是免疫力强弱的区别，身体免疫力、财务免疫力、情绪免疫力，你哪一项过关了呢？

免疫力的强弱，决定了抗风险能力，而我们日常的行为是否自律，则决定了免疫力的强弱。

自律是增强免疫力的最优途径

阿兰·德波顿说："生活就是用一种焦虑代替另一种焦虑，用一种欲望代替另一种欲望的过程。"

生而为人，当然有各种欲望，人生就是无法实现欲望时产生焦虑，又在焦虑中催生欲望，当二者不能良性循环的时候，我们必然要通过自律等方式，抵挡诱惑，达到内在的某种平衡，实现长远的利益。

我们通过自律保持良好规律的作息习惯，身体自然比较健康，通过努力工作多赚钱，自然不害怕一无所有，我们在自律中所形成的良好的行为习惯，主要从三个层面提升免疫力。

重塑思维模式

试想一下，如果你总是衣冠不整，当别人询问你为何不早起一会儿好好搭配衣服、化妆来收拾一下自己，你怎么回答？大概率是躲躲闪闪的。

因为你内心知道自己的衣冠不整究竟是如何引起的，熬夜让你没办法早起，你必须匆忙赶往公司打卡，你知道自己是有责任的，所以心虚，思维混乱，你不知道该如何回答。

假设第二天要开一个很重要的会议，有人照常刷段子得过且过，有人提前一天了解相关资料，并规划出详细的可行性分析，哪种人更能从容面对会议？答案不言而喻。

有的人口齿清晰，说话有条理，办事很稳妥，一定是因为他在很多方面都有着强大的自律品质，可能是早睡早起精神充足，可能是工作经验丰富，可能是能够多读书充实自己，也可能是在专业领域相当有自信，不管哪一种方式，都造就他的临危不乱。

一个具有良好行为习惯的人，大脑思路是清晰的，日常的自律习惯帮他排除了很多外在干扰，屏蔽了很多不良因素，让他能够将注意力集中在需要做的事情上，他的大脑里充满更多有用的内容。

人与人之间最根本的区别，除了生理，还有大脑的运行系统，你是怎样的人，你的思维就是怎样的模式。

深度打磨技能

很多人不明白自己的专业技能差在哪里。

一个设计师，把时间用在办公室里钩心斗角，还是用在提升设计技能，你只需看他的作品，就知道他的时间都去哪儿了。

在一个辩论节目中，有个辩手说，他已经参加五季辩论了，有时候觉得能说的都已经说完了，不知道还能继续说出什么论点，但是这期间，他做了大量的阅读，每读一些，就会发现一些新的东西，就又知道怎么表达了。

这就是日常需要自律的意义，你的努力终有一天会在你的专业领域体现出来。

我们需要技能傍身，尤其是专业精准的技能，这是我们能够实现自我的突破口，但是技能不是突然增强的，而是在你不断的努力中，从量变到质变。

专业技能的提升，依赖的不是提升方式，通过专业的老师教导也好，与志同道合的人切磋也好，最终你要靠坚持才能实现。

在积累的过程中，大部分人根本不需要被别人打败，仅仅是半途而废，就败给自己了。

恢复自我意志

意志力是一个比较虚的概念，仅仅依赖大脑是无法完全控制的，因为大脑天生喜欢舒适区，而我们的自律行为，会帮我们不断恢复已经中断的意志力。

有个关系很好的作者朋友，跟男朋友之间的矛盾加剧，绝望到想要分手，情感的困扰让她一下子瘦了十来斤，非常憔悴。

好在她本身就是情感博主，很快打起精神来重新规划写作和生活，每天有固定的阅读和写作时间，有固定的情绪宣泄的时间，每次跟我聊完之后能立刻写几千字的文章。

她说，恋爱中的糟心事毁掉了她的上进心，一颗心都放在彼此的纠缠上，而现在，她通过自律，又找回了搞事业的动力。

其实我们很多人，都容易陷入这样的误区，深陷在一些琐碎的事务中，与一些人彼此消耗，无论这些事件是客观存在的，还是主观形成的，都是在消耗，影响了你的成长。

而自律行为，是帮我们最快恢复意志和坚定意志的最好方法。

自律的本质是提升抗风险能力

我认识一些全职妈妈，她们在焦虑的时候，常常会说出这样的话："还是得去工作，不然碰到意外，该怎么办呢?"

但最终迟迟迈不出这一步的原因是，由于离开职场太久，已经很难找到既对口且薪资又满意的工作，随着年龄的增长，她们甚至担心自己找不到工作。

从这个角度来说，她们的焦虑是悲观而具体的：一旦遭遇困境，因为没有足够的资金来源而失去抵抗风险的能力，等于没有任何退路。

不得不说起我非常要好的两个朋友，一个是职场妈妈，一个是全职妈妈，我在她们身上看到了另外的可能性。

这两年，我所在的城市有一项职业技能补贴的惠民政策，她们两个，一个考取人力资源证书，一个考取建造师方面的证书，都领到了这项补贴，而且这项补贴发放三年，是一笔可观的收入。

我这两个朋友，都是利用业余时间考取的证书，在这一时刻，得到了一些金钱类的回报，不仅如此，她们两个都把孩子培养成了"学霸"。

她们同样也是焦虑的，但她们在焦虑的驱使下，始终保持着向上的动力，不仅自己自律，还将这种技能用在孩子的教育和家庭方面，她们的婚姻状况、财务状况、精神状态，相对来说都是优秀的，我坚定不移地相信，我这两个朋友具备很强的抗风险能力。

以前我们总希望拥有一个"铁饭碗"，这样不论何时都不用担心，但后来知道了，铁饭碗根本不存在，如果非说有什么技能能够为我们托底，那一定是你的金钱、态度、健康足以支撑你应对突如其来的变故。

社会的竞争是残酷的，很多人在消极的生活方式里待太久，已经不懂得保持自律的意义了，身体亏虚、思想阴暗、行为极端、工作不顺……直到倒下的那一刻，仍旧不知道是什么腐蚀了自己的免疫力。

我们都应该知道，所有的自律行为都是手段，目的是增强免疫力，为将来做准备，免疫力的强大，意味着我们有更多的选择，有选择，才有自由。

目 录
CONTENTS

095 **Part3**

给自律一点动力

145 Part4

找到坚持的方法，事半功倍

199 **Part5**

形成自律的习惯，一生受益

241 尾 篇

Part 1

建立自律认知，与自己抗争

你的伪自律，正在毁掉你

01

认识一个活在微信朋友圈里的人。

单看他的朋友圈，你会相信这个人完美、自律、自爱、自信，处处散发着克己复礼的光芒。

有时他会发关于健身的照片，虚化的背景依然能够看出运动器材的轮廓，速干衣没有遮住的地方，有着流淌的汗水，一个健身达人的形象跃出屏幕。

当然他也喜欢旅行，每到一个景点，都要品尝当地美食，入住豪华的星级酒店，再晒一晒清澈的游泳池，搭配几句知乎高赞文案，一股旅行文艺风悄然而至。

他还追求上进，常常分享APP上的有声读物，罗振宇"时间的朋友"跨年演讲，他不仅没错过，还截了几段视频发到朋友圈，与众多微信好友共享。

最难得的是他还喜欢看书，朋友圈发布的名著封面，几乎可以组建一个小书房，他往往摘抄其中一句，也没有过多解释，仿佛心境如此，瞬间彰显其独特的品位。

精心的朋友圈人设背后，他还努力工作，可能还有情感生活，令人不得不感叹一句，时间管理大师不是吹的，时间就是海绵里的水，只要挤挤总会有的。

但如果你接触现实中的他，你会当场惊讶，朋友圈的自律滤镜究竟过滤掉了什么。

他多数时间是躺着的，去健身房拍完照就坐在器材上玩游戏，旅行去的都是网红打卡点，没有时间去品一品旅行的意义，跨年演讲当然也看，不过看得更多的还是视频网站的低俗视频，至于看书，只为拍照显摆，内容不做关注。

所以几年之后，他仍旧原地踏步，在单位里没有任何晋升，事业没有建树，甚至在普通的职场环境中，竞争力也大大减弱。

属于他的时代很快就过去了，他朋友圈的"伪自律"没有给他带来半分好处，反而成了压垮他的最后一根稻草。

02

伪自律，其实就是自欺欺人。

你希望通过自律的人设，得到他人的关注和赞扬，寻求一种心理上的优越感，但你却没有足够的能力做支撑。

也就是说，你营造的朋友圈人设不是真正为了实现身材管理或学到知识，一切动力来源于朋友圈的评论、点赞、称颂，根本不去思考这样做对自己到底有何意义。你仅仅希望得到心理满足，面子上的虚荣，哪怕它是短暂的。

这种"伪自律"为你带来的，是大脑里短暂的快感，它没有太多实质性的帮助，甚至还会麻痹你，让你的大脑误以为已经有所成就，从而停止深度的思考，你的思维就永远停在了那里。

  还有的人，是由于焦虑当下和担忧未来，不得不自律。

  比如非常担心自己的职业天花板，害怕35岁时被裁，而那时一无所长，害怕自己"晚景凄凉"，于是就想通过自律来提前改善，避免让自己以后陷入这种境遇。

  出发点是对的，他们也常常熬夜加班，也常常业余看书，但是充实感却是假的，因为伪自律终究不是真自律，无法为你带来真实的反馈。

  你以为熬夜加班，就可以拓宽职场路了，实际上，你没有确定的目标，仅仅为了加班而加班，仅仅为了让自己不那么焦虑，你只在意加班这件事，却不知道加班的目的何在。

  你以为业余看书就能增加专业水平，但实际上，你记住了什么只有自己清楚，无法形成系统和无法为你所用的知识，都是白搭。

03

如果说开头那位男士注重的是形式感，那么这种自我欺骗的自律，就是仅仅注重了仪式感，而不懂仪式感背后需要强大的支撑。

真正的马甲线和体硕身强，一定是长久的坚持和汗水换来的，真正的学识渊博，是读好书、深入思考、学习经验、掌握方法……转化成内在涵养，滋润你，反哺你，最终实现自我超越。

舞蹈家杨丽萍被东南亚观众封为"舞神"，她开创了孔雀舞，获奖无数。

她将舞蹈视作自己一生的信仰，不断从大自然中汲取灵感、打磨艺术。为了使整支舞蹈达到完美的境界，她对每个细节都会认真琢磨，她的每一支舞，都是一场视觉盛宴。

她对自己要求也很高，为了保持唯美的舞姿、曼妙的身形，她不吃肉食，素食也吃得很少，甚至十几年没有吃过一顿饱饭，有时仅仅吃一点花瓣。

如今她60多岁，身上却无一丝赘肉，你能够从她的神态、仪表、谈吐、气质中，看出她多年如一日的自律为她带来的成果。

真自律还是伪自律，时间会给出最好的检验。

以前有一个同事，在公司做前台，网上很多人调侃过，说前台基本都是隐形富二代来体验生活的，事实上，有些做前台的姑娘是真的没有一技之长。

这位前台姑娘也是如此，她看上去非常重视这个团队。

愿意帮助其他同事签收快递，不管买了什么，她都要捧场地说一声"这件衣服真好看""哇，你买的这个好实用"；喜欢组织订外卖，每次找她拼单奶茶总有回应；有其他同事加班，她会奉陪到底，美其名曰"一起提升自己"。

她说，她希望能融入这个大集体。

然而，她的专业能力却大打折扣，考勤表每回都要出点小问题，办公软件也用得不太熟练，去找她调系统里的资料，她态度倒是热情，只是会消耗彼此很多时间。

如果她一直做前台，以她的性格其实是比较适合的，但问题在于，她不想一直做前台，她希望有所提升，也想到了多年后自己的职业发展。

那么，她做错了什么呢？她错在，以一种假自律的方式在做事，偏离了目标的方向。

她以为的坚持，看似让自己既忙碌，又能融入集体，其实只是一种假象。

也因此，她像一个纸老虎，一戳，就破了。

最终，她没有突破这个"瓶颈"，离职了。不知道她去了别的地方，有没有真正认识到，假自律没有任何助益。

04

很多人总是习惯好高骛远，从不曾认真思考该如何去走这条路，当你"伪自律"的时候，你其实关上了"学会学习方法"的大门，你拒绝了一种长久但高效的方式，而选择了看似省事，却没有任何裨益的方式。

其实要做到真正的自律，不难。

首先，你要选中一个可行性目标。

比如，一个人减肥的时候，可选的方式非常多，有人通过健身，有人管住嘴巴，有人吃代餐，有人吃减肥药，还有人去针灸。

你要先确定你选择的方式是健康的、正确的，不要偏离最初设定的目标。

其次，你还需要"禁欲"。

不要沉迷于朋友圈里短暂的称赞；不要只看眼前的利益，天上不会掉馅饼；你只看了一本书，成不了作家；你只吃了一次健康餐，脂肪消除不掉。

所有优异的成果，都来自长久地坚持，而不是短暂的快感。

最后，日复一日地坚持。

只有这样，才能形成真正的自律。

不自律的根源，到底在哪儿？

知乎有个提问："不自律的人生是一种怎样的体验？"

有位达人这样回答："被命运反复羞辱，毫无还手之力。"

由于不自律地过着颓唐、沮丧、毫无进展的日子，就像温水里煮着的青蛙，舒服地以为自己在洗热水澡，当命运的考验来临时，你早已没有任何能力反抗，只能眼睁睁看着自己落败，跳不出、逃不开，也打不赢。

有人说："我不想成为牛人大咖，我就喜欢过平凡但幸福的生活，所以我不需要自律。"殊不知，平凡幸福也不是那么容易获得的，越幸福的日子越需要花大力气维持。

人生不自律，是件风险很大的事情。

比如，在身体方面，暴饮暴食会引发肥胖和各种疾病，不规律的作息会导致精神状态差，甚至烦躁、易怒、抑郁；在人生层面，原本一手好牌，如果不好好利用，也能打得稀烂，还有可能造成恶性循环，无法逃脱。

其实每个人的人生中，都会遇见几次非常好的机会，能够抓住的人，都是有积累、有准备的人，从此改变人生。

而不自律的人，大概率是抓不住机会的，他们不多的才华在机遇降临时就用完了，他们没有持续的战斗能力，在后续的过程中，无法提供持续的惊喜和价值。

不自律的危害我想很多人都感受过，但真正实现自律，却是个循序渐进的过程，在此之前，我们尤其需要改变对自律的认知，深度探究一下，到底是什么导致了我们的不自律。

吃过投机取巧的甜头，以为人生可以永远如此

上学的时候，老师要求背诵课文，你贪玩忘记了，于是心存侥幸，觉得老师未必会抽查到自己，结果如你所愿，你逃过了这一次检测，你会觉得，班里那么多同学，抽查到自己的概率那么低，于是下次，你仍旧得过且过。

工作时，老板交代一个任务，你没有花大力气做，随意拼凑了几张模板，老板太忙没时间细看，竟然通过了，于是，你以为找到了摸鱼的好方法，从此每份工作任务都偷工减料。

人的大脑本身就是有惰性的，一旦尝过投机取巧却能顺利过关的甜头，就不再想通过努力去攻关突破了，于是，你能坐着绝不站着，能吃喝玩乐绝不潜心钻研，能刷手机绝不动脑子。时间一长，变本加厉，对任何事情都会产生敷衍的心理，总想靠一些小手段、小聪明瞒天过海，你便以为，人生总是可以如此。

尝到投机取巧的甜头，导致不再努力向前，从而继续耍小聪明逃避，然后再次觉得敷衍是理所当然，最终造成了恶性循环。

这个时候，你整个人的状态和心态，不仅不自律，甚至总是处于各种动荡之中，失去了章法，因为在这个过程中，你的提心吊胆和焦虑难安，一点儿也不会少。

要小聪明可以取得一时的成功，但人却无法凭借运气度过一生，长远来看，想要实现大目标，靠的还是厚积薄发。

千万不要因为眼前的小利就迷失方向，人生的路很长，当机会来临，命运垂青的时候，你才能知道，过去的不自律，究竟会导致怎样的结果。

喜欢幻想，没有把重心落到现实中来

过度沉浸在幻想中的人，不能脚踏实地地做事，也是导致不自律的原因之一。

在很大程度上，幻想是一种逃避，现实中你是个普普通通的打工人，每天挤地铁上班，吃着煎饼馃子想着房贷，这并不妨碍你幻想自己是人生赢家，住别墅，财务自由，开口闭口都是基金、股票、比特币。

幻想所带来的问题是，如果你不能为之奋斗，那就会走向它的反面：自甘堕落。

不切实际的幻想，必然需要消耗大量的时间和精力，甚至还会压缩本该用来工作和学习的时间，让人变得懒惰，毫无斗志，精神难以集中，无法高效地工作和学习，因为梦里什么都有，只需要躺着就能做到。

然而梦终究会醒来，你也终究要面对现实生活，然后产生大量的摩擦和碰撞，怎么办？这时候，你的痛苦才开始显现。

如果不能摆脱将渴望映射在幻想中的行为，就没有能力去解决现实中的难题，于是你继续幻想，持续逃避。

幻想与行为的不统一，造成巨大的心理落差，幻想得越完美，越觉得现实糟糕，越难以产生自律的情绪、欲望和行动，也就越不能开展有条理的生活和工作。

当然，也不是绝对不能幻想，闲暇时任由思绪放飞无伤大雅，关键时刻要分清楚幻想和现实的区别。

我个人的感受是，不要幻想未来飞黄腾达该怎么庆祝、怎么炫耀，如果实在无法克制幻想，可以将现实中不能解决的小问题，加入幻想中，在幻想中运用合适的办法解决，然后结合实际行动，真正解决问题，这样才能避免进入幻想的误区。

危险和困境不会随着你的幻想解决，你真的付诸行动了才能解决这些问题，你要坚定地在现实中寻找乐趣和动力，找到能为自己带来快乐的东西或事物，去推动自己一步步成长。这时你就会发现，空想越来越少，生活越来越规律。

眼高手低，高估自己的能力

当你面对一项工作时，你可能会觉得，这个活儿，最后一天就能完成，所以前几天休息一下没关系。事实上，当你真正开始的时候，你不仅一天做不完，在接下来的几天里，大概率也做不完。

我们经常看到这样的场景：有的人学历高、知识渊博，但心高气傲，不屑于加入普通的工作岗位，认定自己可以完成更高难度的任务，结果高不成低不就，并没有达到预期效果。

有的人理论知识丰富，却不知执行困难，抱着"何不食肉糜"的态度夸夸其谈，却没有一项建议可以落到实处。

这些都是我们常说的"眼高手低"，它与幻想不同，幻想是明知道自己做不到，只是借此逃避现实，而眼高手低，则是以为自己能够做到，不肯接受现实。

眼高手低之所以是不自律的原因之一，就在于思维的偏差，让人用意念去做工作任务，却总是迟迟不能付诸行动，学习任务、工作任务没有任何进展，时间一长，更不利于形成良好的行为习惯。

眼高手低是职场大忌，却是很多职场人的通病，对自己认知不清晰，过高评估了自己的能力，以为自己什么都懂什么都会，但是真正动手执行时，却困难重重。

久而久之，你的工作得不到有效的成果反馈，个人能力得不到有效的提升，而此时你又不肯承认自己无能，你就为自己埋下了抱怨、愤怒、焦虑的种子。

其实眼高手低也并非一无是处，说明你的眼界还是有一定广度的，只是可操作性不强，转化能力也非常低，所以你首先要放低姿态，认清自己是个普通人，承认自己有些事情是做不到的，你需要从实际中去锻炼、去坚持。

认知能力受限，你不相信自律可以带来好处

常常看到这样的测试：如果给你一千万，让你在深山里住一年，没有手机，没有网络，你会去吗？

这样的问题，与其说是在测试你能否离开网络，倒不如说在测试，你能为了钱，付出到什么程度。

那我换一种问法，如果给你一千万，只要你在未来五年的时间里，每天5点起床，6点阅读，7点吃早餐，上午8点到晚上8点之间认真工作，睡前看1个小时的书，花1个小时思考与规划，只要做到，一千万即刻到账，你能做到吗？

我能，大部分人是能做到的，这是一场摆在明面上的交易，非常清晰和简单，只要你做到，你就能拥有。

但现实往往是相反的，就是说，如果只告诉你，每天早起、拼命工作、业余读书和思考，钻研和学习，过几年你就能赚到一千万，你相信吗？能做到吗？答案应该是否定的。

《认知突围》中这样说："所有的懒惰、放纵、自制力不足，根源都在于认知能力受限。"

我们的认知，往往受到环境、阅历、经验，甚至年龄的限制，本质上，很多人都是坐井观天的青蛙，都是通过自身的经历和阅历，形成对事物的经验，只不过有人头顶的井口大一点，除了蓝天白云，还能看见山川湖海，于是眼界更宽阔，有人头顶的井口小一点，只看见蓝天白云，于是认定世界不过如此。

当回报不明朗、条件不清晰、奖励不到位的时候，我们有限的认知会提醒我们，不要过度付出，避免浪费自己的精力与财力。

因此我们做不到自律，因为内心无法清晰地明白，自律究竟带来了多大程度的自由，究竟让生活有多大的起色，究竟让自己成为怎样的人。

回到开始提出的问题，假如你能够确定，每天的自律和努力会换来五年后的一千万，你是可以坚持的。

认知不足带来思维的混乱和行为的不自律，所以在你真正打算通过自律去获取那一千万的时候，你要做的第一件事，就是改善自己的认知。

注意，不是改变，而是改善，要让你的认知变得豁达而不偏执，开阔而懂变通，宏观且丰富，灵动有张力。

改善的过程就是建立自己认知体系的过程，明白自律所形成的良好习惯，能够为你的生活带来极大改观，能够为你的事业助力，能够为你带来更多的契机与好处，你的认知才算有了支撑，自律才有机会形成。

总体来说，不自律的根源在于思维与行动是否一致：

你坚持行动的时候，是否由于认知的不足和短浅而受到了限制？

你有新奇思维和想法的时候，你的能力是否可以支撑你的创意，进而落地实施？

行为不自律是一个宽泛的概念，而真正实现自我控制，则需要改善认知，认真生活，坚持行动，少点自我安慰，少点自我逃避，想办法让眼界和行为达到一种相对的平衡。

30岁以后，你拼的是脑力还是体力？

01

有个朋友说，非常想从事比较机械的那种工作，就是每天有固定的流程，做完事，到点就下班，没有人在意你做得好不好，主要是不用费脑子，不用每天想创意、想如何满足客户要求，不用每晚焦虑、熬夜、加班，当然也没有绩效和提成，年终奖金也会大打折扣。

她说她太累了，从业十来年，有三分之二的时间大脑都在高速运转，很想停下来歇歇，但是又不敢。

我明白她为什么不敢，因为今天所有的成就，包括优渥的经济条件和良好的生活质量，无一不是用这种脑力劳动换来的，一旦停下来，就失去了竞争的资格，生活质量必然下降，所赚金钱必然减少，圈子必然重新洗牌。30岁之后，想要有所成就和晋升，靠的就是脑力，而非体力。

我见过朋友说的那种每天机械工作的人。

大企业里一个普通职工，拿着固定的薪资，做着机械的工作，过着木讷的生活，时常被领导批评，第二天依然得过且过。他之所以能够保有这份固定的工作，是因为这家企业没有辞退员工的先例，这样的"铁饭碗"可以保他几十年无忧。

关键是，他仅仅二十几岁，就领着几千块钱的工资混日子，三十岁呢？四十岁呢？从他目前的工作状态来看，几乎没有晋升的可能，职场已经出现肉眼可见的天花板，未来几十年，不过就是日复一日地重复，等着退休而已。

一个年轻人，这样的日子不焦虑吗？我相信他是焦虑的，因为他每次都自嘲道："别人都好忙，只有我闲着。"

为什么闲着？因为指望不上，因为他觉得自己不能胜任，这就是职场上另一种形式的边缘化，他无法接触到更核心的工作内容，长此以往，他上升的通道就逐渐关闭了。

更何况，时代发展这样快，谁能保证一个单位就可以待上一辈子呢？当初的诺基亚，作为手机中的老大，也一定没有想过，当智能机兴起的时候，就是诺基亚时代的终结。

跟不上时代的终将被淘汰，无论企业还是个人。

02

我有时会觉得庆幸，庆幸年轻的那几年，没有贪图安乐，而是选择了一条充满挑战的路，一路披荆斩棘，收获一身靠脑力支撑的本领，这让我在30岁之后，依然有可以抗衡中年危机的资本。

30岁之后，靠体力你是赢不了的，不仅赢不了自己，也赢不了别人。

随着身体新陈代谢变得缓慢，你再也熬不了夜，注意力也渐渐不集中；想要练会儿瑜伽，想起厨房的碗还没刷；想要安静地读会儿书，发现孩子作业没写完；打算周末去景点游玩散散心，结果老师通知下周考试，需要在家陪孩子加紧复习……

每况愈下的主观原因，以及层出不穷的客观因素，让你根本没有多余的心思再去进行自我提升，那些能够做到事业与家庭平衡的人，要么是一心奔事业、不太管家庭的男人，要么是有人帮忙带孩子或单身的女人，人的精力是有限的，总会顾此失彼。

这还没有将各种社会问题、人际关系、突发状况加进来，再说，即便拥有了这些，也不一定能够获得事业成功，毕竟成功是极少数，而我们属于大多数。

我不想打击任何人，但现实一再提醒我，想要过得更好，需要提前打好基础。

家有小学生的妈妈都知道，一二年级的重要性不在于你的孩子是不是天才，更重要的在于能否为孩子养成一个良好的习惯，这个习惯有多重要呢？可以说，到了四五年级，你是每天吼叫发火，还是欣慰地看着孩子独立攻克一个又一个学习难关，取决于你的孩子有没有养成好习惯。

二十岁到三十岁这段时间，跟小学生养成习惯，是一个道理。你在二十几岁的选择，就是为自己以后的人生打下基础的选择。

03

30岁之后，还想保持自己的竞争力，你拼的不是熬夜加班，不是多年经验，而应该是才华、思想、方法，是你应对所有事情的变通能力。

想要做到也不难，先从几个小目标入手，一点一滴形成体系。

坚定自己的选择

如果你没办法改变当下的选择，不如最大限度地坚持，我认识另一个甲方负责人，是办公室主任，也是熬了很多年才到管理层，其间还经历了各种人事调整。

她每一次活动都亲力亲为，因为太过较真，还与活动公司发生过很多次争执；她对工作永远充满热情，遇到事情需要多方协调时，她每次都能积极妥善地解决。仅是这份活力、热情、干劲儿与热爱，就值得很多年轻人学习。

如果注定在这个行业与这个企业里坚守到老，没有退路，那就一往无前吧，把这份工作当作你的战场，去规划、调整、改善，像爱自己一样去爱这份工作，你总能找到其中的乐趣与成就。

你的内心应该对自己的选择充满渴望和敬畏，你要坚信自己可以做成，你才有内在的动力去实现这样的目标。

想办法提升效率

很多人熬夜加班，看似努力，其实是在做无用功。

想要准时或者提前完成你的工作，最有效的办法是提升效率，用最专注的精力，做好一件事，然后再做下一项。

其实很多事情，你原本白天就可以完成的，因为你不专注，导致你拖延到晚上还在继续工作。

你要学会找出问题的关键，找到对应的方案，做到精准匹配，你的效率才会更高。

跟得上行业变换更迭

比如，现在直播带货非常火爆，众多明星都亲自下场成为主播，有先见之明的店家或者企业，早已入驻直播，玩得风生水起，紧跟时代脚步，才不会被时代抛弃。

再如，不断演变的短视频、Vlog、开箱评测等多种模式，能够得到粉丝青睐的，当然是那些有创意、更搞笑、有内涵的内容，归根结底，内容创造者靠的就是大脑。

杭州出名的无人酒店，已经用高科技代替了人工，如果你无法跟上行业的发展和迭代，你很容易就被替代。

保持学习，持续进步，顺应时势，抓住风口，你才能够不被时代淘汰。

争取做到管理层

这对于打工人来说是尤为重要的一点。

从普通职员到管理人员的转变，其实就是你从"脑力"向"体力"的转变，当你年龄渐长，无法在体力上超越年轻人的时候，靠的是什么？是你用阅历和经验打下的江山，也就是你在公司的位置。

武侠小说里，武功高强的、背景深厚的大侠在武林大会中掷地有声地发表言论，职场也是一样，人有了地位，才有话语权。

否则，你很快就变成了战战兢兢的中年人，30岁之后，你大概率会遭遇职场危机。

04

网上流传着王健林的一份行程表：凌晨4点起床，然后开始45分钟的健身锻炼，5点开始吃早餐，随后前往机场，从雅加达飞往海口，到达目的地参加项目签约仪式，用完便餐，再从海口飞回北京，到达办公室。

两个国家，三个城市，从太阳还没升起，忙到太阳落山，他不仅见过凌晨4点洛杉矶的样子，他还见证了每一天日升日落的样子。

有没有发现，厉害之人的厉害之处还在于，他们通过脑力工作，获得了提升体力的时间，什么是自由？这就是自由。

上升到管理层的人，都是脑力工作者，他能够为你提供方向、指点迷津，四两拨千斤，就把你的心结和脑海中的谜团解开了。

他们不必坐在电脑前做方案、设计图纸，但是他们担任了总结、公关、管理、知人善任等统筹决策类的工作。

如果你选择去工地搬砖，那你以后的技能都将围绕工地与搬砖，不是说不好，工作不分贵贱，但你要知道，这样的体力劳动能带给你多大的发展空间，工地晚上不开工，你就没有多余的机会拿到额外的薪酬。

但是如果你是一名会计，你还可以发展自己的客户，创办自己的工作室；如果你是一位医生，你可以发表论文贡献科研成果，你可以钻研医术成为名医，可选择的路非常多。

30岁之后，我想没有人不焦虑。

在体力、创意、潮流方面都拼不过年轻人，江山代有才人出，属于你的时代轻易就过去了，我们大多数人都面临着巨大的中年危机。

我希望，我们不要每天都在重复机械的、随时可以被替代的工作，而是在人生稍早的时间段里，做出积累和改变，让中年可以有更多的选择，我们以后可以拼效率、拼思维、拼阅历，我们去拼那些能够"保值"的东西。

30岁之前，大量学习，快速成长，不断上进，让自己拥有脑力劳动的能力；30岁之后，早睡早起，加强锻炼，让自己拥有持续的向上活力。

普通人如何实现逆袭？

　　一位亲戚家的孩子高考结束，打电话来让我帮忙参考填写志愿，这是他们家唯一的大学生，他们不知道该如何选择学校。亲戚不只问了我，还问了学校老师，甚至可以说，把能问的人都问遍了。

　　亲戚自己是白手起家，赶上重工业发展的好时机，建了好几个工厂，可能是由于他自己的文化程度不高，格外重视孩子的教育，尤其是报考志愿，从学校到专业，从城市到交通，他事无巨细都要讨一遍。

　　其实以亲戚现在的身家，孩子在当地也妥妥地是个富二代了，但是亲戚说："赚钱容易守财难，我那会儿赶上了好时候，但是现在时代变化太快了，我儿子要是按照我的路子走，十有八九行不通，他得去好的学校接受现代教育，去大城市体验不同的生活，到时要是还愿意继承我这厂房，最起码也得懂怎么管理，要是自己能闯出一片天，那就更好了。"

　　我忍不住赞叹亲戚眼界通透、思想开明，他又说道："现在很多人说阶级固化，我觉得年轻人还是不要太在意，这世界上还是普通人多，只不过有的通过努力改变了命运，有的破罐子破摔，真要想改善生活，总是有办法的。"

深以为然。比起上层精英，大多数普通人的起点低、资源少、眼界窄、思维狭隘，那么，我们就应该放弃吗？当然不是。

中国政法大学刑事司法学院教授罗翔在一次访谈中说，人要接受自己的有限性，承认你的逻辑、理性、阅读是有限的，我们太有限了，我们只能做我们觉得是对的事情，然后接受它的事与愿违。

我们的认知就是有限的，因此，作为普通人，我们的成功在一定程度上也相当有限，所以我们首先要知道，一个普通人的逆袭，不是以精英为参照物的，而是将自己目前的生活状态与以后的生活状态相对比，你想不想跳出舒适区？想不想得到更好的生活质量？想不想实现更高的价值？想不想创造可以与精英平起平坐的资本？

普通人努力奋斗的前提是，改善自我现状，而非打破阶级固化，想通这一点，你才有机会实现逆袭。

坚信努力的意义

我们都知道，麦肯锡被世界公认为最强的商业咨询公司，全世界的优秀企业几乎都是麦肯锡的客户，麦肯锡韩国分公司创始人赤羽雄二，在《麦肯锡思维》中分享了这样一个观点：

他入职麦肯锡公司几年之后，被派遣到韩国，创建麦肯锡首尔分部。由于公司内没有来自韩国的商业顾问，因此，他向全世界的麦肯锡商业顾问发出邀请，召集了100多名顾问前往韩国，共同实施具体的项目，包括来自美国、英国、法国、德国、西班牙、加拿大等国家的优秀人才。然而，这些人表面看起来并不像物理学家、数学家、围棋高手那样显得特别聪明。

很快，他在麦肯锡公司学到的第一项本领就是识人之术。这些人虽然看上去平凡无奇，却凭借巨大的努力、自己独特的工作方式以及自我高速成长的状态，都取得了耀眼的业绩。

也就是说，这些世界级优秀商业顾问的成功，并不是都靠天赋，而是实实在在的耕耘和努力，才有收获与成绩。

很多人不相信努力的意义，因为不知道努力究竟能够带来什么。

我身边就有个现实的例子，一个熟人，来来回回已经换了好几份工作，遇到点挫折就想辞职，因为薪资待遇也不高，她总是觉得，这么点工资，换哪家公司都一样，上班就挣这几千块钱，不上班也就差这几千块钱，反正不够养家的，辞职不辞职的有什么区别。

如今她已是三十多岁的人了，还拿着三千多的薪资，倒不是对薪资低的人有意见，而是升职加薪、越来越好，原本就是我们的期待，谁愿意越活越倒退呢？

人生不是这么算的，很多人的困境其实是可以通过努力改变的，努力的意义是突破、攻克、蜕变、改善……你什么都不做，遇到困难只想缩头躲壳里，那你一辈子都无法完成月薪几千到几万的过渡，即使到了三四十岁，你仍旧拿着几千元的工资，毫无长进。

我们都应该坚信，如果我们身处需要奋斗才能改变命运的阶层，那努力是我们改善境遇最好的方法，也是最好的选择。

正如赤羽雄二所说："在适当的环境中，只要坚持不懈努力，任何人都能收获很大程度的成长。"

重视你的时间

英国《每日邮报》报道过关于智能手机的调查，数据显示，在非睡眠时间内，人均每4分钟就要查看一次手机，其中花在社交软件上的时间更是占总时间的24%。

在英国，人们在工作时间查看手机至少73次，可见工作根本不能阻止他们摆弄手机。在使用手机的总时间中，浏览媒体软件占13%，使用社交软件占12%，浏览网页占9%，打电话的时间仅占13%。剩余时间会用来打游戏、手机购物、看视频或发邮件等。

"手机成瘾"的现象不只在英国，在我们身边更是普遍。

字节跳动曾宣布过一组数据，截至2019年7月，抖音日活跃用户已经达到 3.2 亿，也就是说，平均每日每个用户的使用时间接近90 分钟。

什么概念？一个人，在每天8小时工作制、吃饭穿衣洗漱休息的间隙里，用一个半小时的时间刷短视频。

很多年轻人，下班之后的常态就是躺着刷抖音、玩游戏、看直播，有时甚至是漫无目的刷各类APP，明明也没做什么，一晚上的时间就过去了。

人与人之间最基本的差别，其实就体现在对时间的掌控上，不重视时间的规划和利用，就是反向浪费，手机各大APP占用你的时间越多，你用来精进自己的时间就越少，创造的价值就越低，能突破的边界就越窄，这意味着，你与别人之间的差距就越大。

因此，想要突破和逆袭，你就要重视你一切可用的时间，进行规划、学习、运动、成长、精进、思考……总之，用来做一切能够提升自己的事情，而不是消耗自己。

强化你的积累

曾国藩曾在一篇文章里说："凡事皆用困知勉行功夫，不可求名太骤，求效台捷也。"

意思是，做事要慢慢来，努力做，知道这件事情很难，一点一点去克服，不能求成名太早，也不能求出现效果太快。

想要拥有文化底蕴，就多阅读，我们常说读史才能明鉴，其实是说，我们的大部分喜怒哀乐、悲欢离合，早有人体验过、总结过，甚至给出了解决方法，多读，才有沉淀。

想要对一个岗位快速上手，就抓紧一切机会了解这个岗位的所有职责，然后去实践、去论证，无他，熟能生巧。

想要学会一项本领，就要不断练习，刻苦钻研，反复推敲，直到你真正学会、学精。

在《钱钟书手稿集》序文中这样写道：许多人说，钱钟书的记忆力特强，过目不忘。他本人却并不以为自己有那么神，他只是好读书，肯下功夫，不仅读，还做笔记，不仅读一遍两遍，还会读三遍四遍，笔记上不断地添补，所以他读的书虽然很多，但不易遗忘。

这世上大多数的成就，没有速成法，都靠水滴石穿、绳锯木断的日积月累而来。

保持思考的能力

《教父》里有一句很出名的话："花半秒钟就看透事物本质的人，和花一辈子都看不清事物本质的人，注定是截然不同的命运。"

要想看透事物的本质，做到在某一领域精益求精，一定是在阅历的基础上，进行了深度的思考，从微观到宏观，从论证到实施，从纸上理论到实践操作……

深度思考，能够帮助我们避免表面假象的误区，深挖事情背后的所有因素，从而筛选出有用信息，也就是说，我们往往用日常的习惯去判断某一件事，而深度思考，能让我们跳出固有的思维，透过现象看到本质，从而做出更有利且更有效的决定。

很多人并不知道自己到底想要什么，能够做什么，以及做到什么样的程度，所以我们需要通过思考，打开自己的心门，找到自己真正的需求，然后不断地调整、修正、完善，最终成型。

这个世界的机遇，是留给有心人的，善于思考的人，才能抓得住。

不断与时俱进

时代发展太快，网络信息过多，有的人固守原有心态，有的人早已成功晋级为"新新人类"，这也是造成我们差别的原因。

对新事物的接受能力、消化能力、转化能力，限定着人的发展，我们应该多了解新内容、新行业、新思维，去选择处于上升期的行业，上限高，下限才有保障，始终保持空杯心态，对新事物保持开放的态度，放下成见，及时接纳。

一个人若是心门封闭，放弃学习，结果就是被淘汰，而始终与时俱进的人，则通过不断的演变和升级，进化成长思维模式，最终获得成功。

其实普通人的逆袭，不是非得从农村娃一跃成为世界一流的人才，也不是说你从一无所有一夜变身霸道总裁，而是说，我们应该通过方法、习惯、行为等一系列后天形成的东西，一步一步改变现状，对我们普通人来说，但凡薪水提高、职位晋升、买房地段升级、车子从A级到B级，都是逆袭的步骤。

作为普通人，即使做不了大咖牛人，也要尽可能地去突破、逆袭、往上走，因为越向上，话语权越多、资源越多、越安全。

真正的高手，都有强大的"元认知"能力

01

你有没有过这样的体验：

为一点点小事发很大的脾气，发泄之后又为情绪失控感到后悔和痛苦，然而，当再次面临相似境况的时候，依然爆发，奋力嘶吼或哭泣，然后依然后悔，形成一个恶性循环。

或者工作的时候，完全静不下心来，时不时就要刷刷微博看下手机，当终于下定决心要好好完成工作任务，过不了一会儿，又完全被别的事情吸引，再次陷入注意力不集中的状态。

其实情绪不能自控、行为无法自制、生活不能自律，都属于一些外在表现，根本还是在于"元认知"这项能力薄弱。

什么是元认知？

这一概念是由美国心理学家J.H.Flavell提出的，意思是"反映或调节认知活动的任一方面的知识或认知活动，即认知的认知"，是对自己的感知、记忆、思维等认知活动本身的再感知、再记忆、再思考。

简单来说，元认知，就是在认知的基础上进行的更深度认知

和思考。

　　无论学习还是工作，我们都在进行着认知活动，比如感知、记忆等行为，与此同时，我们对自己的这些认知进行监控和调节，将感知、记忆再度加工，促成有效的思考、思维的转变、记忆的加深等，以一种比较客观的立场，审视自我、反思自我、改变自我，实现自我思维和行为的调节与控制。

　　这整个过程，大概会体现为：你在想什么？你的感受是什么？你对此的看法是什么？为什么事物如此发展？为你带来哪些情绪感知和行为改善，是好还是坏？你还有什么建议……

　　可以说，这一系列对认知的分析，对问题的纠结，对事物的看法，都在促使你形成元认知，如果你能够调动其中对自己有用的部分，并加以利用和发展，最终受益的就是自己。

　　如此，开头提到的那种糟心体验，就有了明确的解决办法：所谓情绪失控，就是自我感知能力低，连自己的感受都无法做到正确的认知，更不能站在他人的立场考虑问题，共情能力低，本质上，就是元认知能力的薄弱或者欠缺。

　　在这种情况下，要想对情绪和行为进行管理，就要启动和增强自己元认知的能力，在情绪爆发的过程中，问问自己到底为什么生气，生气引发的一系列不良反应是否值得，对他人的指责和抱怨是否合理，导致的尴尬和隔阂接下来该怎么解决，究竟是生气重要，还是解决这件事更重要……

　　一系列问询和思考之后，思想斗争的最终结果指向消气和冷静，你会意识到情绪的爆发解决不了问题，于是，你开始寻求解决问题的办法。

02

那么问题来了，看上去人人都具有元认知，为何人与人之间的差距仍旧如此之大？

原因就在于，元认知与人的其他所有能力一样，有强有弱。而造成这一现象的原因，就在于，你是停留在舒适区被迫使用了元认知，还是渴望成功主动利用了元认知。

有的人陷入困境，比如工作遇到"瓶颈"，没办法解决，才开始进行思考和解决；有的人遭遇责难和批评，不得不想办法解决问题。但是有的人，哪怕身处舒适区，也有"生于忧患，死于安乐"的意识，对工作和生活都积极地进行思考，也就是说，他随时都做好了准备。

举个简单的例子，你希望生活作息规律，但是又无法做到早起，每天只能在母亲的唠叨和反复响起的闹铃中起床，但你仍旧

起来了，并且还为此感到后悔和不安，就属于被迫启用元认知，你在这其中希望做到早起使作息规律，因此你有思考，但你又不能主动早起，是被迫思考。

但是你的同事，非常渴望在工作中有所建树，非常希望年终拿到更多的奖金，即使在工作平稳、生活安稳的情境下，他也能做到早睡早起，提前到达公司做好准备，开启有能量的一天，也就是主动运用元认知的过程。

对照一下，你和同事，谁更能实现自律？谁更具备主动解决问题的能力？

元认知能力的运用方式不同，导致的结果当然不同，这也是造成人与人之间很大差距的原因。

因此，元认知能力的增强非常有必要，它能让我们找到本因，拥有强烈的自我意识，明确知道自己的想法，进而意识到这些想法是否明智，再进一步纠正那些不明智的想法，最终做出更好的选择；促使我们通过反思与方法，解决问题，保持情绪稳定，加强自控能力，维持社交关系，建立自律行为，让我们无论生活还是工作，都尽量达到体面、自律、突破、成长、成功和自由。

03

元认知的好处我们已经知道，那怎么做才能让这项能力"为我所用"呢？

内省

内省其实就是反思。

晚清第一名臣曾国藩，有"千古第一完人"的赞誉。他一生坚持自省，从29岁开始写日记，直至晚年右眼失明，仍旧坚持，他曾在日记中写道："座间闻人得别敬，心为之动。昨夜梦人得利，甚觉艳羡，醒后痛自惩责，谓好利之心至形诸梦寐，何以卑鄙若此！"

原来，他梦中见到别人发财，又心动又嫉妒，醒来之后觉得很羞耻，为什么梦中的自己格局这么小且利益这么心重呢？

于是他在日记中反省自己，进行自我审判，从而改善自己的好利之心。

自我批评与内省是驱动力，日记是方法，提升格局是结果，这就是元认知的驱使与增强，他能够站在客观的角度上，发现另一个自我，然后评判自我，最终改善自我。正是这些内省的时刻，成就了他的人生智慧。

我最初开始写作时，也是因为自我的内省，那会儿我也陷入迷茫、焦虑、躁郁难安，将写作作为平衡自己内心秩序的手段，在写的过程中不断反思，发现问题，解决问题，写出的内容不仅是一种情绪宣泄，也是一种自我疗愈。

开始写得非常过瘾，因为有着想要改变自我现状的渴望，元认知能力不断增强，我主动钻研如何写得更好，不断学习阅读，听大咖演讲，向同行取经，与此同时，收到了更多正向的反馈。

渐渐地，我感到痛苦，因为接触了不同的圈子和阶层，接触了更多不同类型的人和事物，很快就进入了"知道自己不知道"的阶段，自信心面临崩溃，再次感到忐忑、踌躇、犹豫，不知道该如何前行，陷入被动状态。

我能感觉到这两种不同的状态下，写出的内容、价值观不同，传递的思想不同，因为我的思维模式发生变化，等这两个阶段都过去之后，我迎来了豁达的第三阶段，那就是对自我状态的把控。

我不再感到痛苦，反而在任何事情中都能看到它的正反两面，我深切地感受到，自己的共情能力变强，但对抗欲望减弱。

比如，人际关系中，如果对方做了不利于我的事情，我既知道自己的愤怒，又能够感知到对方的处境，我不再任性地宣泄和抵触，而是思考如何在表达自己的观点时又不刺激到对方，整个人有主见但相对温和，不偏激而具有说服力。

我从一个人或者一件事的对立面，转向了它的同盟队伍。

我认为，这对我自身来说是一种非常好的状态，因为我拥有了选择，我可以选择忍耐，也可以选择反击，而不是我必须忍耐或者必须反击，这让我与这个世界有了更多的和解。

结果就是，我拥有对抗的权力和资本，但我放下屠刀，决定与你席地而坐聊一聊。

我站在旁观者的角度，审度我所遇见的事情，我觉得我的格局在提升，度量在提升，内在在提升，思维高度也在提升。这是我通过内省获得的一种内心平衡。

元认知的核心内容就是通过内省反思，促进认知和理解，在这样的循环中不断获取有利于我们的思想、行为、方式和办法。

冥想

冥想的重点，在于专注力的提升，而提升元认知能力的第一步，就是正确且精准地使用自己的专注力。

在这个网络发达、信息及时的时代，我们的生活过于碎片化了，包括汲取的知识和能量，都是碎片化的，不具备很强的系统性。

比如你想要提升自己的英文水平，于是你在APP下载了大量的英文课程，你每次听完几分钟，就忍不住拿过手机看看，你的大脑不断被热搜的新闻、八卦的综艺、搞笑的视频所打断，在这种情境下，你甚至来不及开始学习。

再比如你看一场辩论节目，其中一个观点引起了你的共鸣，你正要深入地思考一下，这个观点能为你带来什么，能引发你思维的哪些碰撞，但是还没来得及形成对这种认知的认知，你就被下一段视频吸引了，思考中断。

而冥想能让我们获得深度的沉着和冷静，减轻错乱思维带来的行为混乱，将注意力集中起来，只感受呼吸的存在，只活在当下的状态，从而增强了自我感知的能力。

在专注的状态下，我们的思维更清晰，更有明确的指向性，大脑对身体和情绪产生了一种更为积极的认知，我们不再轻易被情绪左右，而是通过意识改变身体行为，再通过行为反作用于认知，实现自我控制。

其实，冥想有助于减少内心的恐惧和执念，让我们面对事情的时候，能够拥有更多的从容感。

找个安静的地方坐下来吧，放空思想，察觉飘散的思绪，并将它聚拢起来，把注意力集中到呼吸上，可能开始会走神，不用担心，多试几次，在越来越长的冥想时间里，启动并增强你的元认知能力。

复盘

复盘和记录其实是一体的，复盘的过程就是让你的大脑对已发生的事件，进行一场思维风暴，总结好坏、吸取经验、深度分析，从而扬长避短，为下一次相同事件提供经验。

我工作中常常写复盘稿件，由于人的思维和行为都具有局限性，因此，尽管每一场活动我们都渴望做到完美，但又不能保证完美无虞。于是，复盘稿件成为让下场活动更完美的手段。

在写复盘稿件的过程中，我通过回顾、总结、搜集资料、观看现场等方式，找到了这场活动的亮点和不足，看到了自己的能力和短板，我知道输在哪里，也知道赢在哪里。我从多维度，对这件事有了更为具体的了解。

如果复盘仅仅是在我们的大脑中发生，鉴于大脑的懒惰，我有理由怀疑，过不了多久，我们就会忘记这次复盘的核心内容。这个时候，"好记性不如烂笔头"，我们需要记录下来。

看同一场电影，有的人悄悄流泪感动，有的人现场拍照记录，有的人写了五千字剖析和解读，这些运用元认知的过程都有益处，但是哪一种更为持久呢？记录。

多年以后，可能你已经忘记了那一幕的眼泪，但键盘或钢笔的记录，为你保存了那一刻的震撼体验。

我在几年前写过不少文字，如果不是有次搬家翻到，我已经忘记自己写过什么，当我看到那些手稿的时候，发现尽管文笔幼稚，我却在那个时候已经具备了很多成熟的想法，我为此感到莫名的欢喜。

那些留存的手稿就是对当时心境的一种复盘，让多年后的我为之感动和珍惜。我甚至会想到，应如何运用那部分手稿，让现在的自己变得更好。

复盘是一场深度的再思考，只有对事件的每一步进行监控、检查、评估和提升，提升元认知能力，才能有效弥补漏洞，跳出局限，谋求改进，创造价值。

李笑来在《通往财富自由之路》中也提到："一个人的财富能力，最终只与元认知能力有关，其他都是附属因素。"

当你无法做到自控、自律的时候，当你对工作和财富焦虑的时候，当你无法解开心结或遇到"瓶颈"的时候，不妨通过反思、刺激、复盘、记录，打开元认知的能力封印，促使自己的思维和行为得到进化，让自己的思想变得更睿智、豁达，让自己的行为更自律、自爱、自强，让自己对人生拥有更大的掌控。

大脑太懒怎么办？两步打败拖延症

不知道你有没有遇到过这样的情况：领导要求周五出方案，你绝不会在周四做出来，一定是卡点提交；出差的前一天晚上宁愿玩手机，也不收拾行李，第二天要出发了，才匆忙整理……

总之，明明有很多时间，却只想"及时行乐"，哪怕内心焦虑难安，不到最后一刻，你仍然不愿意动手完成任务。

我自己的拖延症也比较严重，还曾为此感到痛苦，因为当开始拖延一件事情的时候，那种没有做完、没有解决的状态，让自己内心承受着巨大的自责和困扰，但又抱着侥幸的心理，在煎熬中迟迟不肯付出行动。然后进入了一个拖延—焦虑—继续拖延—持续焦虑的恶性循环。

日本著名的脑神经科学家菅原道仁告诉我们：其实大脑天生懒惰，它的工作就是"拒绝工作"。

为什么大脑竟然爱偷懒？原因之一就在于大脑的"高能耗"。

成年人的大脑大约重1.4千克，相当于体重的2%，但是大脑能消耗一日所需能量的20%，其他人体器官均无须消耗如此之高的能量。

回想一下，刷手机、玩游戏这类事情我们是不会拖延的，能让我们拖延的事情基本都是需要动脑思考的，比如制订新的工作方案、设计出完美的创意作品、如何超额完成销售任务……都需要思考，而思考这件事，对大脑来说耗费能量。

因此，大脑希望尽一切可能自动化处理，它倾向于避开全新的挑战或不熟悉的事物，本能地选择更容易接受理解的事物，一有机会就钻空子偷懒，以此节约能量。

然而，即便知道了大脑的"本性"如此，我们也不可能任由大脑一直偷懒，所以我们需要采取一些措施，来催生大脑的勤奋感，把被动的懒惰转变成主动的勤奋，从而改善拖延症，以完成自我约束。

01

首先，我们需要思考，如何改善大脑的"惰性"。

让大脑保持兴奋感

有的人总觉得生活没意思，很大程度上是因为他接触的有意思的事情太少，大脑难以兴奋起来。

我的一个女性朋友，有段时间对生活非常懈怠，甚至已经不是在偷懒了，她是直接停止了生活的脚步，什么都不想做，整个人的状态比较压抑。

我们两家人的关系很好，作为朋友，我会做一些事情帮助她调整状态，常常把一些有意思的文章或者搞笑的漫画发给她，隔三岔五还会讲一些我身边发生的趣事，这期间，我约她去了很多她之前未曾去过的地方，比如看画展，玩密室逃脱，到山里小住，总之，我尽量选择新奇有趣的地方，以此带动她的兴奋感。

　　我还会劝说她的丈夫，为她多制造一些惊喜和浪漫，该过的节日就过，该送的礼物就送，多嘘寒问暖，多带她享受生活。

　　很有效果，她渐渐改变了心态，人也开朗起来。

　　我后来想，这套方法之所以对她有效，是因为新奇的事物刺激了大脑的兴奋度，也就是说，这些有趣的事情，促使大脑分泌了多巴胺，为她带来了很多愉悦的感受，让她对生活又有了热情。

　　这是生活方面的，那学习、工作、自律习惯方面呢？本质都是一样的。

　　当你的拖延症非常严重的时候，你不妨先跳出自身所处的状态，想一想，这么多任务，哪一项能够优先完成，哪一项比较难，需要查资料、找方法才能完成。

　　把可以优先完成的任务完成，然后为自己设置一些奖励，带动大脑多巴胺的分泌，得到快乐和兴奋的感觉，然后在这种激励下继续完成剩下的任务。

降低心理预期

　　心理压力过大，是导致拖延的原因之一。

　　我们之所以拖延，其实也是因为害怕失败，担心不敢面对任务所带来的评判或指责，甚至，对于拖延者来说，这已经不是任务能否完成的问题了，而是在反复拖延的煎熬中，拖延者极大可能对自身能力产生怀疑，认定自己是无能的。

　　压力过大导致畏难情绪，在不愿承担不好的后果的心理压力之下，反而让我们更加拒绝开始。

　　在这种情况下，我们的重点应该是解决恐惧，尽量避免过度的心理压力。

你得知道，工作内容就仅仅是这一次的任务，你今天完成这项任务，明天还会有新的任务，完全不能因为一次任务就否定自己的全部。

所以当你开始一项任务的时候，先降低心理预期，告诉自己，最重要的是完成它，首先是速度，最起码你需要有一个初稿，初步的成品，对吧？至于质量，你完全可以在之后剩余的时间里再进行修改。

降低心理预期最大的好处，就是我们对这项任务不抱有过多期待，就不会拥有过多失望，心理压力越小，越容易实施和完成。

这种情况会让大脑认定，这项任务操作起来是简单的，从而避免过于拖延。

不追求极致和完美

很多拖延患者，同时也是完美主义者。

对自己期待太高了，希望自己的表现尽善尽美，希望自己的作品毫无瑕疵，在这种情境下，他们会觉得，要么不出手，一出手必须把事情做到极致。

也是因为如此追求完美，反而不敢动手，害怕达不到完美的体验，造成内心认知的崩塌。

傅首尔曾在《奇葩说》里表达过这样一个观点：追求完美是人生至苦。

是的，追求极致的完美，凌驾于现实之上，忽略了可落地、可实行的部分，期待越高，失望越大，所造成的后果就越严重，很多人都是在这样的心理落差下从自信变成自卑，进一步否定自己的全部。

追求完美，其实就是渴望将事情做到极致，它的背后，所隐藏的恰恰是恐惧，恐惧无法将事情做到预期的样子，恐惧最终会失败，期待完美又害怕不完美，导致无法行动，这是另一种程度的眼高手低。

这种极致的苦恼，让大脑拒绝工作，因为它也不愿意承受理想与现实巨大的落差。

不要太刻意追求完美，完美不应该是一种目标，而应该是在一次次的不完美中，自然而然形成的状态。

02

然后，我们需要行动，努力保持大脑的"勤奋"。

我们在工作中，为了提神喝咖啡喝茶，目的是刺激大脑保持兴奋的状态，但是这种效果一次两次可以，屡次之后，会失去效果。

正常的人脑不可能长时间维持一种情绪或行为，因此，要想最大限度克服拖延，改善大脑的惰性还不够，我们需要通过持续的事件，刺激大脑，让大脑持续拥有勤奋的状态。

大家都知道多巴胺能够刺激大脑的兴奋度，但是如何促进多巴胺的分泌呢？尤其是中年人，随着生理机能的退化，大脑的兴奋点越来越高。

大脑有1000多亿个神经元，可以通过运动、学习和社交，促使大脑生成更多的神经元，建立更多的连接，并强化这些连接。

加强运动

很多人只重视理论上的方法去操控身体的行为，却忽视了身体也能够反哺大脑。

澳大利亚做过一项研究，让一组学生从事体育锻炼，两年后，这些参加更多体育锻炼的学生，其数学和阅读成绩，高于没有参加额外体育锻炼的学生，且更加多才多艺。

这是因为，人在进行有氧运动时，额叶区域充血活跃，而大脑额叶的内侧部是主管注意力的区域，就会让注意力特别集中，注意力的集中，是我们做好任何事的大前提。

并且，人在运动时，体内会分泌大量的多巴胺，这种愉悦感和成就感，又进一步促进了专注力和意志力的提升。

再者，运动可以提高脑血清素的含量，血清素有助于解除焦虑、稳定情绪，使大脑处于良好的状态，让人保持良好的认知能力。

可见，运动是一项无本万利的好方式，甚至可以改造大脑，持续运动锻炼的人，不仅有利于身体健康，更有利于心理健康。

保持好奇

弗朗西斯・培根说："知识是一种快乐，而好奇则是知识的萌芽。"

挑战各种新事物，能横向增强大脑细胞间的联系，促进大脑加深记忆力，调动大脑的热情。可以说，好奇心能保持大脑的活力。

我们常说兴趣是最好的老师，人对于感兴趣的内容会产生好奇心，并带来继续研究的动力。

所以一定要尽量保持对事物认知的热情，去打开新事物的大门，去促进新认知的形成，去创造新的动力，当你产生了一探究竟的想法，一定会有新的发现。

积极社交

人是社会性动物，无法离群索居，而积极的社交互动，有利于让大脑保持一种开放式状态，避免进入懒惰区。

经常对大脑发起挑战，有助于增强大脑的认知水平，也就是我们常说的大脑越用越灵活，还可以使意识、反应、记忆力、情绪、满足感大幅度提升，甚至降低患病风险。

因此，社交互动，是非常能够调动大脑兴奋感非常实用的方法。

当你发朋友圈的时候，很多人对此点赞评论，你会非常愉悦，这是因为，积极社交促进了多巴胺的分泌，让大脑处于兴奋状态。

所以说，我们需要保持高质量的社交，让大脑在社交过程中被激活，保持一种强烈的情绪状态。

有些人甚至通过社交培养出了社交直觉，通过一个人的外貌、肢体语言、对话，对这个人的个人情况做出一个大致的判断。这也是一种意外收获。

人生每一步都是环环相扣的，懒惰和拖延，勤奋和行动，是两种截然不同的态度，会带来截然不同的结果。

而真正的强者，一定会选择后者，通过自律和坚持，让大脑始终保持在高水平认知上，让人生状态始终积极向上。别被客观条件打败，人生，实际上是一场与自己的抗争和较量。

Part2

自律的范围超乎想象

///

时间还多，明天再做……

明日拖明日

鳘鱼变麻鱼

不混日子，是最大的职场自律

有个姑娘给我留言，说起她初踏入社会的经历，毕业五年多，换了六七个行业，每一个单位都待不长，不是跟同事三观不一致，就是跟公司八字不合，总之，因为这些小问题，她每次都能如愿离职，希望等到下一家公司重新开始。

也因此，她并没有找到适合长久发展的企业，也没有找到兴趣浓厚的领域，就这么领着普通的薪水，按部就班地打卡，不上不下地混着日子。

转眼就奔三了，她感到很迷茫，觉得自己还没有遭遇职场"瓶颈"，就直接触碰到了"职场天花板"，压力迎面而来，却找不到出路。

后来她又补充了一些细节，比如，最近一个公司的同事总是暗示她穿着打扮太土，小家子气，于是这姑娘铆足劲儿买了几套品牌衣服；再如，公司为加班员工准备了大量零食，就放在茶水间的柜子里，她加班几次总赶上被抢空，心里气不过，凭什么一起加班，自己却连个"零食补贴"都混不到……

诸如此类的小事，层出不穷。

我想，姑娘大概还不明白，是什么在悄悄蛀蚀着她的职业发展之路。

不是同事的排挤，不是公司企业文化的不同，是她没能正确地对待自己的工作，看不清人在职场的本质，反而过于沉迷与职业发展无关的事情，白白消耗了精力和时间。

一个人若想有所建树，专业能力、工作执行力、心态自控力缺一不可，这些力量会帮你形成真正的职场自律，你才能够具备抵御职场变化的勇气和底气。

实现职场自律，你需要建立起正确的自我认知。

选对公司，跟对领导

去年，朋友的公司接了一个新项目，新项目在另一座城市，于是在那座城市成立了分公司新部门，就地招聘，匆忙之间构建了工作团队。

新招的当地项目经理，深谙玩弄心术的手段，没几个月就把项目氛围带得乌烟瘴气，每天员工上班战战兢兢，生怕无意中就当了炮灰，团队里一共就十几个人，还分成了三四派，互相攻击，公款私用，钩心斗角……总之，几乎没有任何努力上进的氛围，所有人的心思似乎都不在工作上。

理所当然地，项目没有再续期，一年之后，黄了。

所以开头给我留言的姑娘说，跟同事和公司三观不合，如果是以上这种情况，当然要选择快速离职，但如果跟每个公司的同事都三观不合，那要考虑一下，是不是自己的问题。

因为利益关系，同事之间是非常容易产生矛盾的，在职场的社交关系中，要学会就事论事，不要把工作过于上升到生活，你只要明白，你是去工作的，不是非要交朋友的，矛盾自然迎刃而解。

不知道你有没有听说过"蘑菇定律"，初踏入职场者常常会被置于阴暗的角落，不受重视或打杂跑腿，就像蘑菇培育一样还要被浇上大粪，接受各种无端的批评、指责、代人受过，得不到必要的指导和提携，处于自生自灭过程中。

蘑菇定律：初入世者常常不受重视或打杂跑腿，
就像蘑菇培育会被置于阴暗的角落一样。

后来心理学家总结：任何人在成长过程中，都注定会经历不同的苦难、荆棘，被苦难、荆棘击倒的人，就必须忍受生活的平庸，战胜苦难、荆棘的人，则能突出重围，拥抱卓越。

在最初踏入职场的阶段，你可以挑挑拣拣，这个过程是相互的，不仅你在选择，公司也在考量你，但你最终要修炼一身本领，选一个能够让自己有发展空间的地方，然后放心地去施展自己的才华。

因此，选对领导非常重要，一个好的领导，对你未来几十年的职业生涯将产生不可或估的影响。

人是环境的产物，和谁在一起工作很重要。去追随认可、欣赏你的人，一心推动你往上走的人，不是恩师就是贵人，而那些自己不努力还要拖你下水的人，尽早远离，不要让他们消耗你的时间和精力。

不混日子，逐步成长

如果说职场社交属于客观因素，那职场修养则属于主观因素。

解决完客观问题，你还得知道，主观上做什么事情才不会毁掉你的职场生涯。

如果公司真的弊端明显，那当然要另谋高就，但如果在一个很好的企业里，你因为抢不到零食不开心，从而觉得公司风气不好、与企业文化不对盘，那我劝你再考虑考虑。

你不要把心思用在办公室的钩心斗角里，不要幻想自己能够赢得这场"宫心计"，如果你深入思考，会发现，这些事情消耗着你的精力、热情和斗志。

一个人越在乎什么，越会变成什么样子，你越喜欢暗地里与同事攀比，你的嫉妒心越强，你越在意芝麻绿豆的小事，你越没有时间做大事，而那些把时间都用来提升自己的人，几年之后，轻易就爬上了你看不到的山峰。

现如今大环境这么残酷，名校毕业、海外归国的很多人，依然面临着巨大的竞争压力，没点真功夫傍身，被淘汰是迟早的事儿，更遑论不珍惜眼前职业，只在单位里浑水摸鱼的人。

不忙的时候，我尝试过刷APP、逛网店、看小说，关注哪个明星离婚了、官宣了，对比哪家店的衣服好看又实惠，研究怎么凑够满减，刷完一个又一个搞笑的段子，看上去好像很忙，但一整天下来浑浑噩噩，我除了时间被夺走，注意力被分割，工作被拖延，什么都没得到。

你的时间也应该是宝贵的，要用在值得的事情上，不是不让你娱乐，不是不让你休息，而是你要明白，工作时间，就是要工作的，不是摸鱼的；业余时间，也是可以用来让自己变得更好的。

只要你把时间用来充实自己，任何时候你都不会担心，因为你知道自己的高度就在那里，还有上升的空间，你不会放任自己坠落下来，无论你所面对的是什么，你都是强大的。

亦舒说过一句话："一个人的时间花在哪里，是可以看得见的。"

不混日子，你才有机会强大。

不轻易辞职

有一阵，"年轻人辞职需不需要冷静期"上了热搜，年轻人裸辞的现象非常普遍，被老板批评了几句，就递上辞职信；跟同事闹得不愉快，就消极怠工，觉得跟企业文化三观不合，然后快速离职……

2018年成为支付宝锦鲤的那位网友，辞了职，拿着兑换的奖品，周游四方，但你不知道的是，她风光的背后是夜深人静时的焦虑，是每个月巨额的信用卡账单，而你连她的幸运可能都没有，当你面对巨大的生存压力时，你以何来抵抗？

成年人最大的成长，是要学会思考，懂得自己真正想要什么。我们大部分人，之所以能够长期坚持工作，有且只有一个原因，就是我们需要工作。

从最原始的角度来说，工作所得到的回报，恰恰是我们的生存之本。你需要钱，需要社交，需要汲取专业知识和能力，需要跟世界接轨，既然逃不开，那你为什么不做最好的那个？把自己的职场利益最大化？

我觉得大多数人裸辞也好，不想工作也好，还没有达到非常严重的承受不住的地步，大多是因为外因，觉得钱少事多离家远，受不了束缚，失去了自由，与同事相处不来等类似的理由。

工作中遇到的困难都是考验，做不出完美的PPT方案叫作考验，能否抵抗压力也是考验；跟同事的相处是考验，反应能力也是考验。

这所有的事情综合起来，无一不在锻炼你的能力，也许是表达能力，也许是抗压能力，也许是对新事物的接受能力，如果你把这些都当成职场必经的一关，你靠着这些通关打怪，才能成为最终的强者。

不轻易辞职的根本原因是，不要轻易放弃，不要轻易放过成长的机会和让自己更强大的机会。

听说过这样一句话，任何一个行业，都是1%的人拿走了99%的蛋糕，剩下99%的人靠1%的蛋糕糊口。不是你不优秀，而是这世上平凡人居多，而平凡人，更需要努力工作，只有如此，才能让自己尽量不那么差。

当你意识到自己为何工作与如何工作，你的职场自律才能形成一个完美的闭环。

不是为了公司，不是为了老板，就是为了自己的基本生存和高质量生活，你在职场所经历或学到的专业技能、社交本领……都是你人生的一部分，至于发挥成什么样，就看你自己了。

在不断的学习中，保持持续的生命活力

01

最近收到一位同城读者的留言，他原本是位编辑，离开北京回到现在的城市，刚辞职没多久，就赶上了疫情，非常时期，又换城市又换行业，生活、经济和身心各方面的压力非常大，一度陷入消沉的困境。

他说看到我的书有种苦海明灯相见恨晚的感觉，也因此开启了自我调整，努力运动和阅读，并寻找新的工作，整个人的状态逐渐恢复了过来，他找到我的微博，只为和我说一声谢谢。

我也很想跟他说一声谢谢，他让我看到自己写作的意义，更重要的是，我也很钦佩他极强的学习能力，步入新的城市与新的领域，需要的不仅仅是勇气，还需要强大的学习力，一切都是未知，一切都要推翻重来，对于一个成年人来说，是极大的考验。

我知道有很多年轻人，并不把学习当回事。

即使迷茫和空虚，却总是依赖网络来消磨时间，意识不到人其实是可以用学习来改善境遇的。尤其是在年轻时期，有大量的学习资源和有效的精力，人生充斥着无数的可能性和机遇，他们却不知如何高效利用时间，不知如何专注地投入学习中，也不知道，如何用学习武装自己的人生。

因此，我看到那些无论任何年龄都坚持学习的人，总是心生敬意，我自己在磕磕绊绊的学习道路上，也亲身体会到，能够做到学习中的自律，并形成学习的习惯，其实受益无穷。

我同学的妹妹，大学期间开始掌控自己的人生。

室友忙着谈恋爱约会，她却在炎热的暑假里跑去学车，各个科目都是一次考过，轻松考取驾照；同学忙着聚餐交朋友，她忙着去图书室大量阅读；她也谈恋爱，但是她跟男朋友比成绩，两人在学术上你追我赶，成绩门门都是优秀。此外，她还考了相关专业的证书。

当时来看，她与其他的同学并没有太大的差别，她的优势是在毕业之后才显现出来的。

首先，她会开车，在刚毕业实习的时候，恰好当时的面试官说了句，有驾照的优先录用，于是她就凭借这项小技能拿到了这家大企业的工作。

其次，证书是实打实的存在，多年后她拥有一份不错的职业，证书被单位拿来作资质证明，额外收入抵了大半年的工资。

这都归功于她的不断学习，以及不断增强的学习能力。

她从不觉得学习是件吃力的事，反而因为尝到了学习的甜头，乐在其中，学习这件事仿若印刻在她的骨子里，自然而然地成为她的优势。

如果说在象牙塔里不断学习，是身为一个学生的本分，那么步入社会，仍然能够保持不间断地学习，那一定是一个人优秀的最好证明。

02

我相信很多人也知道学习的重要性，但由于家庭琐事纷杂，工作加班忙碌，再加上精力和时间的不足，一时间不知道该怎样学习。

要做到学习的自律，其实并不是一件特别难的事，我亲身体会，有几点小建议，共勉。

避开学习陷阱

有人仅仅认真学了几天，就妄想考研成功，这是白日梦陷阱；有人每天只读几页书，以为如此已然实现自律，这是仪式感陷阱；有人照搬他人的学习经验，以为自己加以运用就能成为学霸，这是不切实际的陷阱……

学习中的很多陷阱，都是没有进行思考的体现。

很多人的行为，仅仅是做到了表面学习的假象，以为如此便有收获，其实真学习假学习，别人不知道，你自己一定是知道的。

有的学生惧怕考试，根本原因就在于，他知道自己学得不扎实，掌握得不牢固，有太多不会的题，没有能力支撑，自然无法从容应对。

有的人拖延工作，也是因为内心明白，自己的能力是不足的，无法达到领导的完美要求，只能在拖延中寻求一丝丝侥幸。

这些人，大概率在平时进入了学习的陷阱，要么没有学习，要么进行了伪学习。一个人若真的进行了学习，一定有充实感，并能够在长期的学习自律中获得有效的结果。

所以，我们在日常的学习中，最好找到自己的学习节奏，制订切实可行的计划，一步步调整和修正，避免进入学习的误区。

营造学习的氛围

当我们躺在舒适的沙发上，手里拿着电量满格的手机，周围摆满了水果零食，打开的电视机正播放综艺节目，大概率是难以进入学习状态的。

因为诱惑太多了，人在舒适区里，是不愿意再去进行深度思考的。

但是如果你坐在书桌前，干净整齐的桌面上摆着你需要查阅的资料，打开的电脑是你需要进行的工作，手机在另一个房间充电，你就比较容易进入工作状态。

环境对我们的影响是很大的，吃喝玩乐的氛围和认真工作的氛围，对我们造成的心理暗示是不同的。

所以，如果你真心想要学习，不妨人为打造合适的环境。

一个人学习时，只保留工作需要的内容，其他物品一概远离，这其实就是移除可能存在的诱惑，从客观方面降低学习难度、减少学习障碍。

进入群体时，去结交能够促使你优秀的人，远离那些阻碍你成长的人，因为酒肉朋友只会催你喝酒，哪怕你开车赴约，他仍给你斟满；爱好打麻将的人总是喊你凑桌，不管你是加班还是陪孩子，他眼里只有麻将；而认真上进的人，会告诉你最新的学习方法，会督促你提升专业能力，会告诉你行业的最新资讯，会一起探寻如何投资。

你身处怎样的学习环境，就会走怎样的道路。谁带来堕落，谁教你成长，不言而喻。

找到最快的学习方法

最快的学习方式，就是找到行业里的优秀人物，让他为你启蒙。

行业里的佼佼者，通常已经能够精准把控这个行业的风向，具备成熟的经验和阅历，我很喜欢听一些在自己领域内有特殊贡献的人的分享，在一些自己不了解的领域，犹如打开新世界的大门，"听君一席话，胜读十年书"说的就是这个道理。

但关键是，这些人为何带你？这就需要你寻求合适的方式，要么你与对方有情感衔接，即因为各种社会关系，对方愿意帮助你；要么你证明自己是有价值的，可以与对方进行同等置换，存在利益关系，对方才有理由帮助你；要么你付费购买他的经验和时间，俗称知识付费，但如果运用得好，受益的将会是你自己。

股神巴菲特，自2000年起每年拍卖一次与他共享午餐的机会，那些竞拍成功的人，花钱所购买的仅仅是午餐吗？当然不，而是惠及一生的建议。

适时调整学习安排

人贵在懂变通，无论生活、工作还是学习。

诚然，我们的生活是不断向前的，我们的学习自然也不是一成不变的，不同阶段的学习目的、策略、方法、规则，必然也应随现状进行调整。

我们平时在学校里全面学习，但临近考试，则进入针对性的复习；在工作上我们针对不同的活动，制订不同的计划，因地制宜，因时制宜，这样才能收获有效的成果。

很多人习惯墨守成规，因为觉得变换规则风险太大，不愿意冒险做出改变，其实不然，事物在变化，环境在变化，我们的心态也在变化。

举个例子，你原本每天下班后的时间都用来学PPT，但你由于工作出色突然升职，成为管理层领导，这时，你是否应该及时调整学习计划，将一部分时间用来提升自己的管理技能？

学会调整学习计划和目标，努力接受新的游戏规则，懂得变通，才能走得长远。

持续性自我优化

学习的目的，其实就是进行自我优化。

仅仅一次优化是不够的，这只能代表你的现阶段，要想始终保持竞争力，你需要进行持续的自我优化。

就像APP会不断升级更新，不升级到最新版本，有些漏洞就无法修复，有些新功能你就无法体验。

人也是一样的，不更新自己的思维、学习方式、目标，就极有可能原地踏步，只有不断进行自我更新和自我优化，才有力气和资本攀爬上更高的台阶，遇见更优秀的人，练就更多新技能。

自我优化涵盖很多方面：提升专业技能，有助于你现阶段的工作，为以后的发展做准备；保持大量阅读，读书是最低成本的学习方式，能够帮助你打开眼界和思维，甚至让你的心胸变得豁达，你读过的书，总有一天，能够发挥作用；保持规律作息，身体的健康是自我优化的基础，有健康才有一切。

最后，做好终身学习的准备

其实一个人最好的状态，不是刻意地为了学习而学习，而是形成一种自然的习惯。

当学习成为生活的一部分，你不会觉得学习是痛苦的，相反，你会在这个过程中感受到放松和欢喜，你会愿意将学习内化成奖励，你会自然而然地进行下一个领域的探索和攻关，你的生活、工作、情感，会因为你不断增强的学习能力而变得充满乐趣。

人生路漫漫，世界如此之大，保持终身学习的能力，其实就是与自己日复一日地重复作斗争，学习能够让我们增强更多额外的软技能，在复杂多变的社会里，能够让自己多一分竞争优势。

保持学习的能力，为你的人生锦上添花。

早睡早起，能解决大多数问题

01

有段时间，我为了让生活变得规律，尝试早睡早起。

以前写文章总是熬夜，觉得夜深人静的时候才有灵感，为了让自己打起精神，一杯接一杯地喝咖啡，前两年这种方式很有效，但过了三十岁之后，对熬夜越来越力不从心。

但凡有一天熬夜，第二天总要午睡一会儿缓缓，白天昏昏沉沉，提不起精神来，大脑基本就处于放空状态，而且视力下降得很快，脸上也容易长痘痘，逐渐地，感到身体吃不消。

几次三番之后，我终于意识到，随着年龄的增长，身体已经不允许我肆意挥霍了，但日子总要继续，写文章要继续，挣钱要继续，归根结底，生命要继续。

只得改变策略，决定早睡早起，我不能还没功成名就先猝死了是不是？

因此为了能够早起，我强制自己早睡，我发现，只要你睡得早，睡得足，你是一定能够做到早起的。

但是早睡也是个难题。

手机可太好玩了，刷一圈微博热搜，就能了解很多八卦新闻、各种电视剧电影的宣传，令人悲伤的、令人气愤的、令人兴奋的各类新闻层出不穷。

刷完微博刷知乎，仿佛又打开了另一扇新奇的大门，如何让眼睛变得有神，如何写好小说的开头，你遇到过哪些无聊的事情，哪些思维方式你刻意训练过……总之，奇怪的知识又增加了；

似乎还没有睡觉的打算，于是打开了淘宝，在直播一姐和直播一哥之间来回切换，对比一下谁的价格更有优势，当听到"买它"的那一刻，什么价格、什么刚需、什么颜色都不重要了，手指已经先脑子一步，拍下了产品，脑海中只闪现一句话"抢不到就亏了"，之后趁着还存有一丝的理智，赶紧退出直播间。

你以为这个时候就消停地去睡觉了？不，还有短视频没刷呢！于是打开APP，跟着段子哈哈大笑，边翻评论边感叹高手在民间；收藏了十来个觉得不错的美食菜谱，当然之后也不一定会做；品鉴了会武功的侠女、会书法的才女、会跳舞的熟女、会煲汤烘焙的田螺姑娘，又审阅了二十岁的"小鲜肉"、三十岁的精英男、四十岁的霸道总裁；最后，跟着视频开始做小橘灯、一字马、变身装、戴口罩……瞬间感觉自己像是偶像剧里的总裁，日理万机。

然而当回过神来，钟表里的时针已经过了12点钟，指向了新的一天。

我的时间都去哪了？

02

在这样的情况下，遑论早睡早起，根本就是纸上谈兵，毫无实操性可言。

早睡太难，那我们不愿意入睡的根本原因是什么呢？

我想，是因为我们不愿意面对第二天那种没有自由的生活。

就好像一直不睡觉，这一天就不会过去，就不用在天亮之后重复昨天的一切，不用面对不喜欢的人与事，不用在规定的时间内打卡，不用看上司与客户的脸色，不用想怎么忙了一天却没挣到钱，不用面对部门站队和钩心斗角……

我们渴望拉长下班之后睡觉之前的这一段自由空间，只有这个时候，我们才有理由放纵：你看，我忙了一天，只得这么点空闲，就不要催我睡了吧。

其实，你只要认真呼吸清晨6点的空气，看一看天刚亮的时候有多动人，体会一下寥寥的街道那种清冷感，你其实能感受到，通过早起，你对这一天有一种理所当然的掌控。

说到底，不想面对第二天，就是不想面对目前这不如意的生活，通过熬夜让大脑找到理由短暂的放纵，你用短暂的快感麻痹自己的大脑，让它误以为这就是你要的感觉，但是身体却承受不住你可劲儿的折腾，如果你不希望体检报告上出现什么不该出现的疾病，我建议你从以下几条开始尝试早睡早起。

打败拖延

熬夜其实是另一种层面的拖延。我们拖着时间，以为可以留住此刻，但时间从不反悔，也从不犯规，总是一往无前。

你首先要知道你不想面对的是什么，一件一件罗列下来，然后攻克它，当你不再畏惧，而是以一种轻松的心情迎接明天的到来，你就不会惧怕早起了，比如，不管工作日的早晨你多困，你总会在周末的清晨早早醒来，因为这个时候的你，没有来自上班的压力。

我自己不想面对的，就是第二天要写的稿子，以及经常会突如其来临时增加的新稿子，当我知道自己内心惧怕的原因，我就尝试着在当天完成接下来一个星期甚至两个星期的刚需工作，也就是提前备稿，跟着排期提前写，实在无法完成的就列好提纲，提前想好创意和应对办法。

这样，哪怕第二天又临时增加任务，我也完全来得及应对，一想到第二天很轻松，我就不那么迫切地熬夜了，我可以好好护肤、安心入睡，心平气和等待第二天的到来。

积极暗示

不断告诉自己，早起已经让你赢了很多人。

当别人为了多睡半个小时挣扎时，你已经跑步回来，在家里准备了精致的早餐，而不需要再吃路边摊的煎饼。

继续告诉自己，早起让你更加自律，不仅保持身体的健康，还能够形成良好的规律，百利而无一害。

接着暗示自己，早起拥有了更多的时间，这些时间可以让女人精致，可以让男人强壮，可以令你的大脑清醒，思维也更清晰。

最后提醒自己，早起能够让你把一天的时间安排妥当，做事有条不紊，进一步拥有良好的精神状态，在这样的氛围下，你能够从容应对这一天，以及每一天。

这是你一天中最有掌控感的时刻，接下来的时间都将在你具备了早起成就感的基础上，为你所用，你会感到快乐、效率高、身心放松。

闹铃延迟

延迟的意思就是，不要试图定一个过早的闹铃。

当你熬夜到凌晨1点，你定早上6点的闹铃，其实很难爬起来。

我因为工作需要，最晚应在8点之前收拾妥当，但我又深陷焦虑之中，所以我有段时间总是定好凌晨5点的闹铃，闹铃要持续很久，才能把我从深睡眠中唤醒，睡眼蒙眬的我想到时间还充裕，就关了闹铃继续睡，每次睡到7点才终于决定起床收拾。

后来我不再这样折腾，我直接定好7点的闹铃，每一次几乎过了五六分钟，我就决定起床了，因为我知道时间已经不够，必须起床。

其实我们需要的是在保证睡眠时间的情况下早起，而不是熬完夜就想要早起。

能否早起，取决于是否早睡。最好的办法就是不熬夜、早点睡，身体会经由习惯形成正确的生物钟，到了天亮，自然会醒。

我个人的经验是不把闹钟提前定好几个小时，不高估自己的意志力。

多坚持一会儿

有朋友试了我的方法，说坚持了一个星期，感觉没有任何效果，这令我哭笑不得。且不说要养成一个习惯，最起码得坚持21天，如果我们要养成一个良好的习惯，其实需要更多的时间。

如果你想养成每晚睡前喝杯牛奶的习惯，是很容易做到的，只要你喜欢喝，你就会主动喝，享受型的习惯，甚至不需要培养就可以建立。

然而早睡早起这种自律模式，特别考验人的意志力，试问谁不想睡到自然醒呢，但你不能，你还没实现财务自由、工作自由，你需要工作挣钱，需要搞好人际关系。

为了视力不再下降，为了不长痘、脸色不蜡黄，为了不失眠、不易怒、不健忘，为了让身体各个器官都能得到充分的休息，你需要尝试各种方法和意志力，多坚持几天，再多坚持几天，直到尝到自律的甜头，直到真正形成习惯。

早晨玩手机

如果真的想玩手机，不妨在早晨玩，当你睁开双眼迷迷瞪瞪地想要关掉闹铃时，先打开APP刷一遍搞笑段子，保证你的瞌睡都跑了。

或者早晨看些励志鸡汤，给早起的自己加把劲儿，当你看到从小苦读诗词歌赋的董卿，凭借多年自律锻炼出无可匹敌的优雅气质，当你看到你的偶像凌晨还在工作，才能在娱乐圈崭露头角，当你看那些凭着早睡早起在公司迅速升职加薪的人，逐渐改变了自己的圈子，得到越来越多的自由……

你是可以被激励到的，这就是他人带给我们的良性刺激，凭借这份刺激，你的精神状态很容易醒来，然后开启元气满满的一天。

你的手机，不一定是划走碎片时间的元凶，关键看你怎么用它，用得好，它就是帮助你早睡早起的工具。

不要因为年轻就放纵自己，现在很多疾病越来越年轻化，与其浑浑噩噩地消耗着，不如想办法尝试清醒一些，不管你怎么过，都是一辈子，趁着人生还有很多希望，趁着未至垂垂老矣，折腾一下，说不定，你会发现自律的生活更值得。

不要让失控的情绪，毁掉你的人生

01

情绪失控的人，到底有多可怕？

前阵子有一个新闻，光是看标题就觉得愤怒：女子一气之下把男朋友的论文删掉了。

起因仅仅是因为男朋友不喝女子熬的汤。

女子觉得男朋友近一个月都在熬夜写论文，担心他的身体，于是偷了父母平时都舍不得吃的冬虫夏草，给男朋友熬汤补身体，但是男友喝了两口就放下继续写论文了，女子很生气。

两人开始只是拌嘴，男朋友也说晚点再喝，就接着写论文了。女子觉得委屈，一气之下就把电脑的电源拔了，吵闹之间女子提了"分手"，男朋友没有妥协，摔门而去。

在这样的情况下，女子越想越气，情绪崩溃，就把男朋友保存论文的文件夹粉碎了，男朋友近一个月的"成果"，加班熬夜的"心血"，就这么付之一炬，无法恢复。

情侣之间，吵架很正常，有矛盾很正常，但是情绪一失控就要毁掉别人的东西，这种事不会只发生一次，也不会是最后一次，往小了说，是给男朋友的晋升之路使绊子，往大了说，这就是毁人前程。

这样的人，不跟对方同归于尽，誓不罢休，但是真到了那一步，可就悔之晚矣。

02

无独有偶，前几天在停车场也看到一对情侣吵架。

女孩哭得很厉害，边哭边吼："我恨死你了，恨不得你现在就让车撞死。"

男孩虽然无奈，但还是一直耐心地拉着女孩的手说："我是喝酒回来晚了，但有客户在，我也不好意思提前走啊。"

女孩不依不饶地挣开，仍然喊："谁知道你们去哪了，做了什么龌龊事。"

男孩说："我们就是吃饭，然后在KTV唱歌，真的哪儿也没去，我不是给你视频了吗？你又希望我多挣钱，又不愿意让我出去喝酒，难道钱是大风刮来的吗？我已经听你的话去做销售了，你还想怎么样？"

也许是这句话刺激到了女孩，她忽然挣开男孩的手，往马路上冲了出去，幸好停车场外的马路靠近红绿灯，车辆的速度都很慢，一位车主及时踩了刹车，不然后果真的不堪设想。

男孩赶紧跑过去把她拖回来，抱住她不停地道歉，女孩也许是受到了惊吓，依然哭闹着。

女孩的这种行为，我猜不止一次，甚至也不会是最后一次。

我甚至悲观地猜测，这份情感不会持续太久，那种情绪随时崩溃的境遇，没有一个人愿意时刻承受，不管他对你的爱有多深，最终也会被这些可怕的情绪消耗掉。

用生命作为代价，是最不值得的事情。

个体心理学创始人阿尔弗雷德说："我们的烦恼和痛苦都不是因为事情的本身，而是因为我们加在这些事情上的观念。"

当你无法控制情绪的时候，其实是你过于在意这件事，但你又无法解决这件事情，比如你改变不了你男朋友的行为和方式，但你又不愿意结束这段感情；比如，你解决不了工作中遇到的困境，但你又不能放弃这份工作；比如，你不能让孩子成绩变得优秀，但你又希望通过辅导作业让他有所进步……你毫无办法，却又有所期待。

你一边试图凭借情绪的宣泄来改变，一边担心着如果不解决这件事，会引发更坏的后果，甚至以为会影响你的未来。

其实不会。

男朋友跟客户喝了酒，第二天酒醒之后，依然是你喜欢的那个样子；工作中的困难，也是最常见的，哪有一份工作从头到尾都顺利呢；孩子的学习，你发火都教不好，那不如试试不发火……

这仅仅是一件你人生路上必须经历的事，就这么简单。

冷静下来的时候，不妨回顾一下三年前让你失控的事，还回忆得起来吗？真的还在意吗？

03

看过这样一个寓言故事：

在非洲草原上，有一种吸血蝙蝠，常叮在野马的腿上吸血。就像在豹子耳边不停烦扰的蚊子，它们能吸饱血之后黯然离开，而不少野马却因为它被生生折磨死。

动物学家说，蝙蝠吸的血量非常少，远不致死。而这些野马真正的死因是暴怒和狂奔。它们剧烈的情绪反应是造成死亡的直接原因，而吸血蝙蝠只是一种外界的挑战。

一个总因为小事而暴怒的人，往往难成大事，因为你在这些小事上大动肝火，伤害的反而是自己的身体和心理，造成了像这群野马一样的结局。

拿破仑说："能控制好自己情绪的人，比能拿下一座城池的将军更伟大。"

不管在情感中、工作中，还是与人交际中，管理好情绪，其实就是在管理你人生所处的现阶段。

学会情绪管理的人，已经领先了那些容易情绪失控的人一大步。

年轻的时候在工作中遇到不公平待遇，愤怒之下轻易就辞职，临走还要报仇，跟人闹到水火不容，但是年长之后，哪怕真的有矛盾，分开的时候也会握手言和彼此祝福，因为与人留一线，日后好相见，更因为即使闹一顿，也不过就是多了个敌人，能解决什么问题呢？

倒不如收拾好敌对情绪，说不定在这个领域还能再次合作，为他人留路，就是为自己开拓路。

04

在国外有这么一家人，房子因故失火，在全家人脱离险情，而火势又无法控制的情况下，他们索性在烧着的房子前全家合影留念。

这张全家福也因此被誉为"最淡定的全家福"。

面对烧着的房子，失去的财产，还能笑着合影留念，是他们真的不在意吗？不是，而是他们知道，大火无法扑灭，失去已成定局，还不如乐观一点，不去抱怨，不去指责，至少全家人都平安，没有什么比活着更重要，不是吗？

既然世上除了生死都是小事，那我们愤怒、指责、抱怨的情绪，除了彼此伤害、制造难过，还能带来什么呢？

当然，道理都懂，但关键时刻总是管不住想要发泄的嘴，怎么办？

　　控制不良的情绪，其实也不难，关键在于分散注意力和良性的心理暗示。

　　当你觉得身体里的情绪即将爆发时，其实可以刷下手机APP的搞笑段子，可以去看一集电视剧，可以找朋友聊聊天……我试过，这些事情可以很快地分散注意力，心情愉悦度升高了，就能把发火的概率降到最低。

　　我认识一位妈妈，辅导孩子作业时总忍不住发火，其实她的孩子成绩一直保持得很好，只是写作业较慢，比较磨蹭，偏偏她又是个急性子，一言不合就开骂。

后来有人给她分析，说是不是肝火太旺了，然后给她推荐了一个中医，这位妈妈抱着试试看的心态，去看了中医，医生"望闻问切"之后，说了好几种身体病征，无一例外都中招了，朋友说看得挺准，平日里就这些地方不舒服，于是医生给她开了一服药，她连着吃了两个疗程。

后来她跟我说，不知道是不是自我的心理暗示，还是中药真的起了疗效，总之，感觉发火次数越来越少了，而且不容易大动肝火，人也温和耐心了许多。

想要宣泄情绪时，分散注意力，能够让你不要过于在意当下这件事，不在意，才有空间；而良好的心理暗示，能够降低不良情绪的扩大，让你比较持久地保持良好情绪。

05

每个人都有七情六欲，一生不发火也不太现实，适当宣泄是对的，不然憋在心底更难受，我们要知道的是，过度的情绪失控，所造成的是身心双方面的伤害。

所有的大病都有潜伏期，你每一次暴怒、压抑积累下来的不良后果，会成为压垮你身体的最后一根稻草。心理层面有什么益处吗？同样没有，情绪失控后你得到的不是满足感，而是空虚。

遇事不责骂，不敌对，不仅是放过他人，更是放过自己。

说白了，你如何管理情绪，你的人生就是什么样的。

我们来这世上一趟，是为了体验不同的生活，结交不同的朋友，了解世界的新奇与美好，不是为了虐待自己，不是为了陷入巨大的恐慌里。

如果你能学会管理好自我情绪，当你的身心经历了良性循环，你会发现，情绪的自律其实就是你人生态度的自律，一顿怒吼，一场争执，一次打骂，解决不了任何问题，面对大事、逆境、挫败是需要勇气的，需要稳定而充沛的精力，需要从灵魂深处发出力量。

而这些，是你通过一次又一次的情绪自律修炼出来的，学会管理自己的情绪，学会积极应对每一次情绪崩溃，你才能磨炼出掌控自己人生的智慧。

发脾气是本能，温和从容应对才是本事。

四大自律原则，掌控良性的爱情与婚姻

年底的时候，朋友的表妹被离婚了。

表妹和丈夫确实性格不合，但她从未想过离婚，丈夫的离婚通知下得也很突然，要求她必须即刻签字，才会给她几十万的补偿，不签字一分钱也拿不到。

因为一旦迎来新年，离婚冷静期也会随之而来，说不定就离不成了，于是丈夫下达了"死命令"，可见离婚之心很坚决。

表妹特别伤心，因为她很快就发现，丈夫提出离婚的理由是，他出轨了，想与情人双宿双栖，他希望快速解决原有婚姻，好步入他的另一段爱情。

表妹尽管不悲哀，内心却又知道，这是自食其果，这条婚姻之路早在最开始就注定坎坷了。

她的丈夫原本就不务正业，从恋爱到结婚，房子是他父母凑钱买的，装修用的是表妹多年的积蓄，平时养家，也主要依赖表妹的工资，丈夫每天看似很忙，其实做的生意都在亏钱。

这些早在恋爱时期就体现出的端倪，表妹却因为爱情冲昏了头脑，毅然选择步入婚姻殿堂，最终，依旧逃不脱命运。

其实很多情侣之间的亲密关系模式，在最开始就注定了，只

不过有的人深谙自律之道，懂得摒弃不良关系带来的不良反应，而去追求那些向善、向前、向好的情感关系，而有的人，却稀里糊涂成了牺牲品。

诚然，即使我们千万小心，也不一定能够保证爱情与婚姻会良性发展，但能够实现情感关系中的自律，一定会促使你找到另外一个也相对自律的人，能够把亲密关系经营到最佳状态，已经是难能可贵了。

爱情与婚姻里，掌握四大自律原则，能帮助你好好地经营情感世界。

不挑战高难度爱情

薛兆丰教授曾说过这样一个观点：要谈容易谈的恋爱，做难做的工作。

什么是容易谈的恋爱呢？

不是从来都没有矛盾的恋爱，而是有了矛盾，双方都能够用良性的情绪，进行理智的沟通，从而达成一致，预防下一次犯同样的错误。

不是固执任性的恋爱，而是双方能够站在彼此的立场上想问题，然后做出一定的妥协，促使这段关系进入持续、稳定、健康的状态，两人才能走得更长远。

容易谈的恋爱，包含很多优秀的品质，比如有责任感、积极沟通解决矛盾、肯为对方着想……总之，是积极的、健康的、正常的一段关系。

但是很多年轻人是倒过来的，他们选择极端的爱情。

比如有的女孩就喜欢坏男孩，于是总上演"浪子回头金不换"的戏码，但最终浪子还是扬长而去，留她一个人骂对方太渣。

比如，有的男人婚前就劈腿，且撒谎成性，你却仍然选择与其结婚，你难道能指望他婚后轻易就痛改前非吗？宁愿把时间浪费在抓第三者上，也不肯放手去开启新的生活，图什么呢？

有的女生喜欢泡吧恋爱，把追求自己的男生都变成备胎，难道婚后她就突然变成贤妻良母了吗？

还有的人渴望拯救妈宝男，把精力和时间都放在研究婆媳大战上，非要与婆婆一决高下，看看最终谁才能赢得这个男人。

我觉得，这些都能很好地解释"为什么有的人更容易遇见渣男或渣女"，渣男或渣女本身品行不好是一方面原因，另一方面大概就是因为你总挑战高难度爱情，所以渣男和渣女对你有着极强的吸引力。

这能为你带来什么成就感呢？除了浪费时间和精力，大概率收获分手的结局。

没必要，真的。

如果你总把时间浪费在复杂的爱情上，你大概率也会收获一个复杂的婚姻。把日子过成一团乱麻，根本没有多余的时间去精进自己和提升自己，内耗的成本太大。

不挥霍爱，不考验人性

在网上看到过这样一件事，一个女孩与男朋友感情非常好，但是她常常没有安全感，于是她申请了一个小号，加男朋友为好友，通过暧昧的聊天，试探男朋友的底线。

她的目的是想看看男朋友在面对诱惑时是否上当，她的愿望，一定是希望男朋友坚守住阵地，但事实很无奈，男朋友上钩了，跟她的小号暧昧的同时提出见面。

这个时候，女孩又不知道该怎么处理了，放弃这段关系吧，舍不得，继续这段关系吧，又如鲠在喉。

她考验人性的同时，把自己置身于水火之间，进退两难。

有的爱情经得住考验，有的则不能，而那些经不住考验的，其实就是人性的弱点在作祟。

当你考验人性的时候，你的试探，恰好为他提供了理由，本质上，他并没有想过背叛你，但面对你的小号不断主动示爱，他以为自己确实魅力无穷，即便不是真的要背叛你，总会有心动开小差的时候。

不要人为地去为对方创造背叛的机会，因为跟人性赌，你总是会输。

很多人在情感关系中，拥有备胎，也是同样的道理，明明不爱，却仍旧以男闺密、好朋友、知己的身份捆绑对方，无非就是在不做恋人的同时，还能肆无忌惮地拥有对方的爱意。

当然，不是人人都会上当，总有很多人明白，爱不能肆意挥霍，更懂得珍惜双方的情感，从而拒绝一切诱惑。

无论多么相爱，都别过度依赖

好的情感关系，一定是亲疏有别，张弛有度。

很多人一谈恋爱就上头，恨不得所有时间都跟对方在一起，不再去交朋友，不再用心工作，不再充实自己、提升自己。

宁愿为了对方整日在厨房煲汤，也不去读一本书；因为对方半天没回信息而失魂落魄；每天的心思宁愿都用在查手机上，也不把时间用来好好工作。

仿佛一谈恋爱，整个世界就只剩下对方了，这种相处模式，往小了说容易腻，往大了说容易窒息。

不只恋爱时有这种情况，很多已婚育的女性，面临这种困境时，她们其实是在面临自己精神世界的崩塌，由于圈子缩小，内容单一，事情琐碎，她会非常渴望丈夫的支持、安慰、理解甚至开导，会变得对丈夫过度依赖。

为什么当你全身心去爱对方的时候，对方对你却失去了兴趣？其实很好理解，当你把过多的精力和依赖放在爱情上，对方失去了自由，而你顾不上自我提升，魅力逐渐消失，情感走向没落几乎成了必然。

爱情是一种很神奇的情感，爱的时候你"作天作地"都没事儿，不爱的时候你连呼吸都是错的，而过度依赖对方，会造成什么结果呢？会让你没有说"不"的权利。

在这种不对等的情感下，你很容易成为付出多的一方，而让对方成为最先变心、最先提出分手的一方。

任何情感都需要边界感，大多数人都希望有一个安全的情感状态，既拥有爱情和婚姻，又拥有独立自主的空间。

最好的关系，是既保持自我完整，也尊重对方完整，只有如此，才能相处不累，才能彼此对等。

明白爱情与婚姻的不同

甜蜜的情侣千篇一律，不吵架的夫妻万里挑一。

情侣一旦进入婚姻，社会关系会立刻变得复杂烦琐，你的角色也会因为关系不同而多变，甚至吵架都是必然发生的步骤。

恋爱只需考虑感情，只看对方优点，要浪漫，要山盟海誓，觉得有爱便可抵挡一切，但婚姻却贯穿你长长的一生，需要你投入更多的时间与精力去应对，那些风花雪月沉浸到柴米油盐的时候，变得索然无味，对方的缺点也开始暴露，以前不在意的毛病，现在却成了吵架的导火索，巨大的心理落差随之而来。

婚姻走向悲剧，不是突然发生的，而是从你漠视问题的那一刻就开始了，很多原则性问题，你既不能原谅，又默认了让它继续发生，直到情感的大厦倾塌，酿成无法挽回的结果。

你要知道，恋爱中无法解决的问题，婚姻大概率也无法解决。

因此，恋爱的时候，就提前考虑婚姻可能会遇到的问题，包括经济条件和精神层面是否对等，这不是功利，而是必需，你甚至可以花上几年的时间，去思考你究竟想要一个怎样的爱人，怎样的婚姻与人生。

不要一时冲动就去领了结婚证，也不要将爱情的观念全部带到婚姻里，爱情需要荷尔蒙，婚姻需要荷尔蒙、责任感、妥协、沟通等很多条件的综合。

恋爱时，不爱了可以轻易分手，结婚后，不和睦了却不会轻易离婚，成年人最大的成长，就是遇到问题先解决问题，而非逃避。

爱情不等于婚姻，婚姻也不能仅仅靠爱情维系，越早考虑清楚这个概念，其实是对彼此的人生都负责。

有人说，低质量的婚姻不如高质量的单身，有人说，即使婆媳矛盾一触即发，也绝不因此放弃婚姻，他们都没有错，清醒的人会知道，现阶段什么对自己来说才是最重要的。

每个人身处环境不同，每对夫妻的情感关系不同，处理问题要依照自己的内心需求和当下最有利的方式，不要一有问题就去找情感专家，也不必活在人云亦云的建议里，你要知道自己想要什么，才会明白如何抉择。

林语堂曾说过："用爱情的方式过婚姻，没有不失败的，要把婚姻当饭吃，把爱情当点心吃。"

情感关系里的自律，能让你成为一个具备幸福能力的人，而最好的情感关系，就是希望所有的伴侣，彼此都能自律。

边界感，是最好的社交名片

01

一个合作过的项目负责人，我们平时喊她虹姐，最近聊天时她总不自觉地叹气。

我询问她发生了什么事，虹姐说，这些天对人与人之间的交往产生了深深的怀疑，情绪已经持续低落了好几天。

年底时，在公司的年终总结大会上，虹姐的团队由于业绩优秀，得到了老板的表扬和丰厚的现金奖励，并且，她还在抽奖环节中奖，又得到一部笔记本电脑。

虹姐高兴，就晒到了朋友圈，表示自己的努力有了回报，在这一刻她觉得无比幸运，同时还喊话团队的同事们，保持优秀，活得更漂亮。

没多久，就有个认识的女子私信她，询问虹姐是做什么行业的，虹姐说，与这位女子连朋友都算不上，只是在一次聚会中加了微信，但是对方问得真诚，虹姐为人又热情，于是一一解答。

对方问了虹姐很多问题，除了工作方面还有家庭方面，渐渐地，虹姐不想再多说了，聊到最后，对方突然说："你的情况我大概知道了，我想劝你一句，女人还是不能太要强，你这么忙，又总是出差，能顾得上孩子吗？孩子的童年错过了可就弥补不回来了，我感觉女人还是要以家庭为主，我就是因为这个才专心带孩子的。"

虹姐看到对方如此理直气壮地指责自己，当时就愣住了，一是两人之间的关系，还没有熟悉到可以直接聊这么深度的话题；二是对方在片面的了解下，就以偏概全地否定了虹姐的全部。

当然，最根本的原因，在于对方没有边界感，点头之交的关系里，也能不分青红皂白地说教，说得好听些是情商低，说得难听些是没有教养。

据我所知，虹姐虽然忙碌，却坚持每晚睡前亲子阅读，每个周末也一定会抽出时间带孩子外出游玩，她的女儿虽不是学霸，但成绩也不错，关键是性格好，是个有主见的孩子，像虹姐一样，小小年纪就懂得自己要什么。

更何况，一个人怎么活，不是她自己的事情吗？每个人都有自己的活法，与外人有何干系？

02

社交关系因人而异，有的人交往起来毫无压力，有的人则咄咄逼人，还没进一步成为朋友，就因为不懂分寸把别人吓跑了。

我们生活中常常有这样跨越边界的人，无论聊什么，都以自我为中心，把自己的观念和经验强加在别人身上，妄图以自己的认知，劝说别人走自己所走的路。

比如，你买了辆摩托车，总有人过来嚼舌根："买摩托车的钱都可以买个卧室了，或者换成轿车也行啊，摩托车也不实用，图啥？有钱烧的？"

再比如，你想工作之余备战考研，总有亲戚劝你："这么大年龄了，怎么还想着考研呢，不赶紧找个条件好的男孩结婚，到时就成剩女了。"

这样的人也不是真的为别人好，他们只是在对他人的指责和阻拦中，得到自我认同和满足，以此彰显自己选择的正确性。

其实，在社交中，人远远没有自己想得那么重要。

在那些唠叨一般的说教中，早已埋下别人与之划清界限的种子，谁愿意跟"拿自己不当外人"的人，做亲密的朋友呢？实在不知道他们每次都带来怎样的"惊喜"。

我们常常给别人建议，因为我们是群居动物，在朋友、同事、亲戚、爱人等所有的社会关系中，我们需要获得彼此的认同，但这种认同需要一定的边界，需要考虑对方的接受能力，需要考虑自己的言行是否得当，需要看看你们的关系是否亲密，即便如此，你所给出的也只能是建议，而不是妄加指责和非议。

比如，我们不会向一个新来的同事借钱，不会把一个萍水相逢的人邀约到家里做客，不会缠着一个公务繁忙的朋友说个没完没了……

因为我们懂得，与人交往的底线，就是尊重他人，不是你随意说什么都可以，不是你随意做什么都可以，当我们真正懂得尊重的时候，我们说话就会掂量一下，俗称"过脑子"。

03

成年人最大的边界感，是明白有些话可以说，有些话可以不必说。

前不久，我一个朋友买了个房子，30层的楼房，他选了6楼。他的同事知道了这件事，劝说道："怎么买了这么矮的楼层啊，采光不好，空气也不新鲜，小区里孩子吵闹声都能听见，电梯房最好还是要选择高层的，通透又舒适。"

朋友解释说："这套房子主要是为了照顾父母，他们年龄大了，怕高，再说小区的楼间距还可以，房子又是落地窗，采光什么的不担心。"

他同事仍旧不肯善罢甘休，继续道："虽说你是孝顺，但还是劝你下回买高层。"

遇到这种对话，真让人无奈，买房是多么值得高兴的事情，相信每个买房子的人内心都斟酌过，一定是选择了适合自己的那套。

然而总有人不停地给你添堵，你买低层，他们说采光不好，靠近底层商铺太嘈杂，下水道还容易堵；你买高层，他们又说万一发生火灾地震，没法逃生，甚至还有各种关于楼层的谐音，总之，他们丝毫不理会你真正的需求，只顾着说自己的看法。

真没必要，每个人都有自己的选择，适合自己的就是最好的。

但那些自以为是的人不懂，他们总想着表达点什么，好让别人觉得他们是先驱，是导师，是人生的引路人，丝毫不顾及他人的感受。

不合适的话，一旦说出来，很有可能变成中伤对方的利剑；不合适的行为，一旦做了，无疑是把对方推得越来越远。

父母不要以"为你好"的名义随意观看孩子的日记本，不要在公众场合故意揭朋友的短，关系不到位的同事不要开一些过分的玩笑，不随意询问他人的薪资和存款，不催别人要二胎……这些，都是一个有边界感的成年人，应有的理性社交思维。

人与人之间，本就是不同的，有不同的价值观和人生观，人与人之间的交往，需要尊重，需要边界，需要彼此独立的空间，要懂得他人有外人不可触碰的底线。

成年人之间的社交关系，贵在成熟和舒适。待人有分寸，言谈知深浅，处事懂进退，交往有边界，对自己的一言一行负责，做一个让人如沐春风的人，而不是做一个为别人带来麻烦，从而导致自己社交陷入僵局的人。

有边界感，在任何社交关系中首先得保持自律，会帮助你与他人保持良性的、健康的、长久的社会关系。

最大限度迭代认知，四大改变提升自我

前几年，林子拗不过父母的闹腾，辞掉北京的工作，回了老家。

其实回老家也没有更好的出路，他自己的专业在老家很难找到对口的工作，父母能为他做的也有限，仅仅是希望养儿防老，互相有个帮衬。

回去之后的生活不必多说，从最近一次的遇见就能看出来，他整个人都跟过去不一样了，以前他总是很自律，看演唱会，听大咖演讲，了解行业最新资讯，现在他身体发福，穿衣打扮不再时尚，关键是他对此已经毫不在意，他也不再谈理想，不再谈上进。

他谈得最多的是抱怨，抱怨父母当初让他回到老家，抱怨父母不能给他安排一个更好的工作，抱怨家里薪资低，听起来悔不当初。

但这一切，仔细想想，并非全然是父母的原因，他当初不坚定，他认知错误，他自己应该为他今时今日的生活埋单。

很多人，在做错决定的时候，会感到十分后悔，然后开始抱怨父母，嫌弃原生家庭，迁怒同事，憎恨旁人。

其实我们应该意识到，作为一个成年人，自己做的决定，自己做的选择，不应该让别人背锅。

很多遗憾，是由于自己的认知局限造成的。

你赚不到超出认知范围的钱

前阵子白酒股票上涨冲上热搜，几个朋友聊起来，其中一个朋友小赚了一笔，用赚的钱给老婆买了条黄金项链，他玩股票基金多年，只拿闲钱放进去，投入不多，按照回报算下来，赚多亏少。

另一个朋友，对投资理财毫无天赋，也没有任何兴趣，尽管希望了解股票，但对满仓空仓、K线图、换手率，简直就像面对天书，于是空有一颗想暴富的心，但赚不到这样额外的收入，当然也不需要抵挡额外的风险。

对行业趋势不了解，对市场经济不研究，会让你错失进入这个行业的资本，自然也就赚不到这个领域的钱财。

这让我想起那句流行已久的话，你赚不到超出你认知范围的钱。

看到过一个很形象的说法：当一堆人为一块金子争得头破血流的时候，有人拿起一块钻石走了，抢金子的那些人并非没有能力抢钻石，而是根本就没人告诉他们，有比金子更值钱的东西。

这就是认知能力高低的区别。

当下很多年轻人，其实是渴望突破"天花板"和"瓶颈"的，但由于认知有限，他们无法冲破认知里固有的牢笼，因而被困在自己的一方小天地里。

这其实也是大多数普通人面临的常态，有野心，没有方法；有理想，没有能力；有目标，没有动力。

在提升自我的道路上，总是差了点意思。

其实我们自身也没什么错，我们的起跑线已经注定，从小到大，我们所有的经历、学习、见识、性格、原生家庭，甚至周围的环境、人群，都引导我们成为现在的自己。

我们大多数人的"瓶颈"，其实都在自我身上，想要实现梦想、自由，你总得做点什么，人生是可以更改的，如果起点已经注定，我们可以让终点跑得更远。

任何一场行为的转变，本质上是认知发生了变化。

当渴望改变时，我们需要重新构建自己的认知，让思维向着一个更高的层面升级，一路升级闯关，才能找到突破口，改变人生航道，向更广袤的世界出发。

无知正在拉垮你的认知

有句古话说"无知者无畏"，无知者为什么无畏？因为他不懂，你完全无法指望一个认知水平低的人，意识到自己的认知有问题。

不懂礼貌的人，认为随意推开别人的房门没有错；不懂学习重要的人，轻易就否定他人的劳动成果；连基本常识都没有的人，抱起键盘就在网上骂人……

看上去，无知者比较快乐，因为不懂，便无所畏惧，不用承受人际关系的痛苦，不会为自己技不如人而感到羞愧，甚至从不觉得贫穷、不懂教育、不上进有什么错。

那为什么大多数人都不愿做无知者，而是渴望提升认知，突破自我？

心理学上有一种"达克效应"，是一种认知偏差现象，指的是能力欠缺的人，在自己欠缺能力的基础上，得出自己认为正确但其实是错误的结论。

但行为者却无法正确认识到自身的不足，也无法辨别错误行为，也就是说，愚蠢的人并不认为自己的想法和行为是愚蠢的，犯错而不自知。

我们渴望突破自我，是因为我们在提升认知的过程中，发现了自己的无知：知道得越多，见到的牛人越多，越觉得自己无知。

世界如此辽阔，我们却常常坐井观天。去打开新世界的大门，才能避免我们成为真正愚蠢的人。

很多人沉浸在固有的视野里，以为自己具备了某些优势，等到终于摔了跟头，被他人指责情商低、智商低的时候，被孤立、被摒弃的时候，才发现这个世界真正的规则。

身处这个现实的世界里，不提升自己，会被他人甩在后面，不努力奋进，无人替你负重前行。

这也是为什么我们要多见世面，多听建议，多读书，多认识优秀的人……不断提升自我认知，不断扩充自己，才能够不断拥有掌控人生的能力。

可以被说服

我们在社交关系中，最需要的是沟通，但是有些人是真的无法沟通。

本来一句话就能带过的事情，对方偏偏揪住不放，非要争辩一个对错的结果出来，以此证明自己是正确的，而且绝对不被说服。

　　我真的遇到过这样的人，他所说的信息，明明用搜索引擎就能查到几十种答案，他却偏偏固执地认定自己是正确的。

　　其实我也理解他的行为，作为一个成年人，每个人都有自己相对固定的认知，甚至已经形成了一套系统，很难改变。

　　但我还是想说，永远不能够被说服的人，成功的概率是比较小的。不懂变通，就会多吃苦头；不被说服，就无法自我提升；不会改变，就跟不上最新的发展。

　　杠精被人讨厌，就在于他总是与人对抗，且毫无正能量。

　　不被说服的人，所拒绝的绝不仅仅是这一场争辩，而是他人良善的建议，更改自我认知的机会，接触新事物的契机，也因此，他们很难做到深入地思考。

　　我跟我最好的朋友聊天时，有时会说到这样一句话：我说得不一定是对的，你可以选择你需要的听，因为我站在自己的角度上，我很理性，输出的论点相对无情，但我站在你的立场上想问题，我能够体谅你的处境。

　　所以我们会抱着接纳的心态，而不是对立的态度，去聊天，去沟通，去维持这份情谊。

　　做一个可以被说服的人，不要总听从别人的建议，不是没主见，而是不要轻易去对抗一场交谈。因为每个人的立场不同，考虑问题的方式不同，处理事情的方法不同。

　　我们自己的论点不是永远正确的，当我们选择被说服，是因为我们的认知正在迭代升级，至于是修复漏洞，还是漏洞更大，这就要看我们吸收的新认知，是向下消极延伸还是向上积极拓展。

没有参与过的工作，不要觉得它是容易的；没有尝试过的事情，不要轻易否定它；没有接触过的人，不要做出人云亦云的批判。

可以被说服，不对抗观点，才是真正的接纳，有时候，我们可以选择他人的建议，用来提升自己。

别给自己贴标签

给自己贴标签，其实也是一种限制自我认知的行为。

我不自信，很多年了，用尽很多办法还是自卑；我太敏感，别人说一句不好的话，我立刻联想到自己，特别苦恼；我很笨，学东西特别慢，不管学习还是工作都是垫底……

诸如此类标签，除了让人变得更消极，对人生有什么帮助吗？

我们总是习惯用社会上他人的经验和标准来衡量自己，很多人因此被捆绑住，在这些标签里被压抑着，于是换来恶性循环，更加无法放开手脚，只好一遍遍继续催眠自己：我就知道我不行，我做不到，我肯定会失败的……

这一系列消极的暗示之后，聪明人也变笨了。

标签是一种负担，标签正在固化你的认知，让你遇事再无还手之力。

我们要清楚自己是谁，想要什么，然后为这一目标想尽办法，而不是在标签的推动下，不敢放手一搏，不敢行动，不敢改变。

撕掉身上的标签，也是一种认知的重建。

世界无时无刻不在变化，我们当然需要改变，我们需要有用的信息、正能量的事物、新鲜的资讯、最接近核心的行业技术……

一成不变的标签，带来的是画地为牢，只有打破牢笼，我们才能消除偏见与傲慢，摆脱原有的困扰和框架。

在你的认知里，你觉得自己是个什么样的人，想要什么样的生活，你就会按照这样的模式前行，因此，为了让我们的人生走得更好更远，打破短浅的认知吧，去拥抱更多可能性。

Part3

给自律一点动力

////////////////////////////////////

你究竟想要什么？

01

有位关注我很久的读者，加了微信之后问我，做微商怎样才可以挣到钱。

于是我去看了下她的朋友圈，每天都有几十条广告，微商风格非常明显，当然这也正常，只是距离挣钱，显然还差一些自我营销。

我问她，目前微信好友有多少人，她说300多人，但是她已经做了近两年的微商，就算凭借着各种萍水相逢的社交、小摊贩超市物业美甲师微信加起来，两年也不可能仅有这些人吧。

她解释说，自己不喜欢与陌生人交流，因此不熟识的人不加微信，也不愿意参加聚会，因此各个群里的人也不熟，更要命的是，她显得非常清高，这种气质也正常，但离放下身段赚钱，显然也有一定的距离。

我又问她所经营的护肤品的价格，她说完之后我只有一个感觉：贵。没有听过的微商品牌，却卖出"高贵"的价格，显然，她又失去一个优势。

　　我最后问她，是真的想通过做微商挣钱，还是仅仅想体验与人交流的机会，给自己找点事情做避免无聊，她说真的想挣钱，因为丈夫收入不多，她在家全职带娃，她跟丈夫上有姐妹，下有兄弟，公婆父母一点儿经济方面的忙也帮不上。

　　作为一个想要经济独立的女人，做微商无可厚非，作为一个有个性的女人，你也当然可以保有自己多年的清高与任性，守着固有的认知坐井观天，都不要紧。

　　要紧的是你想赚钱，却又不改变。

　　微商说白了就是线上销售，必须发展潜在代理或潜在用户，不然你卖给谁呢？亲戚和朋友，就算前期能够成为你的用户，但显然不足以支撑你长久的售卖，卖完之后呢？300多个微信好友，一个月能为你带来的经济效益太有限了。

　　就像很多保险销售员，最初卖保险，一定会先把自己家人的保险买好，又有优惠又有提成，但是之后呢，如果不另外寻找客户打开销路，你一样过不了试用期。

　　因此你需要拓展圈子和人脉。

　　再者，每天几十条的硬广，极大可能带来的不是销售业绩，而是对方再也不看你的朋友圈，我们在淘宝、唯品会、京东买东西，是因为平台之大，万事有保障，但是如果一个对你不了解的人，通过你再去你所服务的微商品牌商城买东西，中间转折太多，会让人觉得不靠谱。

　　所以你要打造自我人设，不只是每天在朋友圈发广告，最起码要跟微信好友建立起良好的沟通，双方有了最基本的信任，对方才愿意舍近求远，找你购买。

你的产品价格不占优势，你又不肯建立社交从而达到销售目的，挣不到钱，那你做微商图什么呢？

船停留在港口时，不用经历风浪的时候最舒适，但那不是造船的目的；人躺在床上，不用应付交际、不用为钱焦虑、不用担心未来的时候最舒适，但那不是缺钱的你，活着的目的。

一个人最基本的常识，是知道自己想要什么。

不能一边渴望赚钱养家，一边固守僵化的思维不改变；不能一边颓丧着，一边羡慕他人高屋大宅。

在你还不清楚人生之路如何走的时候，总有人在认真工作、目标清晰、不断改善自我、不断"打怪升级"，他们能够得到更多的物质条件和赚钱机遇，也会得到更多的尊重和敬仰。

因为他们知道自己要什么，所以时刻准备着。

02

我另一个做美容的朋友的朋友圈，与她形成鲜明的对比。

开美容院的朋友，发的朋友圈不多，每天一两条，有时是自我成长，有时是家庭烟火气，有时是辅导孩子作业的无奈，即使发了美容广告，看上去也更像她自己编辑的鸡汤文案，看她的记录，你了解到一个有血有肉的女人，你看得见她做事的沉稳、待人的风度、优雅的姿态，以及对人生的看法。

你会觉得，她如此真实，值得信赖；她如此美好，一定也可以把你变得更美好。

有一次，我们两个人一同去南方旅行，在景点闲坐时，旁边穿汉服的女孩头发散开，卡子掉进湖水中，我这个朋友主动帮忙，为女孩重新编了头发，又从包里找出装饰品为女孩别好头发，那个女孩恰好与我们来自同一个城市，于是她们加了微信，后来回到家里，她们经常联系聚会，有时我也会参加，那种感觉还蛮奇妙的。

那女孩所在的公司有很多女性，拉了不少客户来办美容卡，于是我这朋友的美容院多了些顾客，交际圈子也大了起来，她在利他的情境中，反向让自己受益。

还有一次，我陪她去参加一个美容相关的会议，她现场订购产品，抽到了好几份礼物，礼物不算特别贵重，她现场转手就送了别人，整场晚宴中，她不断地穿梭于各大圆桌，敬酒、交际、拉拢关系。

虽然她是真的愿意帮助别人，也热爱生活，但她以前的性格绝不是外向的，只不过选择了这个行业，她才让自己一步一步改变成如今的样子，她店里的很多顾客，都是老客户介绍新客户。

为什么要改变呢？为了把美容院开起来，赚到钱才能够支付房租、设备、产品的成本，赚到钱才能真正让这份工作发展成自己的事业。

她当然也有被拒绝的时刻，不是所有人都愿意做美容，不仅贵，短期内又看不到效果；她当然也被鄙视过，有人嘲笑她，经过医美修整的脸都是假的，根本不是自然美。

她也为此困扰过，但却从未放弃，面子值几个钱？真正的强者，不能过于在意他人的看法，更应注意如何让自己越来越强。

有时候改变命运，不是通过什么轰轰烈烈的大事，只是你为自己的思维打开一扇窗，你在一些细枝末节的改变中，成就了自己。

03

这种改变，不是非要你变得外向、擅交际，也不是要你去做不擅长的事，而是你得知道自己究竟想要什么，并为此做出改变，直到得到想要的东西、完成想达到的目标，你的渴望，就是你应该要走的路。

就我自己而言，我更喜欢独处。

独处时，我可以深入思考，多读书为灵感做输入，多敲字为写作做输出，我需要的是花费大量的时间和精力在自我提升上，通过自我学习、规划和调整，达成自己写作的目标。

每个人想要的东西不一样，想去的山顶不一样，走的路当然也不同，但相同的是，无论你如何选择，都不要端着，不要背道而驰。

有时候，你不是不想去改变，而是你内心根本没有孤注一掷做好这件事的勇气，虽然你渴望挣钱，但你觉得微商就是发发广告而已，你不肯研究策略和方案；虽然你也希望减肥，但你不愿意放弃各类美食，也不愿意找私人教练花冤枉钱；虽然你也希望自我提升，但你放不下身段向比你年龄还小的人请教经验，你觉得没有面子，也没有尊严。

你没有把你的渴望，变成你必须要做的事，你的认知仍然固执，不肯牺牲短暂的不适，去换取长久的发展。

其实作为一个成年人，你首先要知道自己的目标是什么，而不是坐等上天垂帘，上天不会把什么都往你这里塞，尤其不会塞幸运。你得明白，你想要的，无论是哪一种能力，都必须经由自己创造。

2020年，受新冠肺炎疫情的影响，很多企业倒闭，很多人失业，经济不景气，就业形势难，在这期间，有一份很特别的简历走红网络。

一个1997年生的男生，应聘硬件测试工程师，他在简历的自我评价一栏是这样写的：

寒窗苦读数十载，一天只睡6小时，收到任务通知，可马上设计；身体健康，可连续工作24小时不休息，讨论设计5小时不喝水；什么苦都能吃，什么都能干，泡面矿泉水已经准备，父母不支持工作已断绝关系，朋友不看好电气已绝交，女朋友不理解工作已分手……

简历虽然带着自嘲的语气，但我们在他几句看似"狠心"的话术里，看出他内心对工作强烈的渴望，对这条路坚定的认同。

生活很难，如果你想要去远方，先要造一艘自己的船；但生活又简单，只要你做出改变，就有机会在绝境中找到路，在大海中稳住舵，在风雨中扎稳根，不被吹散。

当你放下身段、面子、懒惰、情绪……去完成你的渴望，你才会做到"眼里有火、心中有光、手里有钱"。

生活总会有很多艰难的时刻，找到你想要做的事，为了它"什么苦都能吃，什么都能干"，不要裹足不前，而要一往无前。

打工的三重境界，你在哪一层？

2020年，有一个关于"打工人"的梗特别火，一时间，网友们纷纷调侃自己是打工人。

这话当然没错，让人想起一个广为流传的二八定律：意大利经济学家帕累托认为，在任何一组东西中，最重要的只占其中一小部分，约20%，其余80%尽管是多数，却是次要的。也就是说，更少的人掌握着更多的财富。

这意味着，不管是互联网公司里996的程序员，办公室里凑单买奶茶的小白领，奔波在路上送快递的小哥，还是喝着7块钱瑞幸的小资……一个公司老板只有一个，我们大多数人就是普普通通的打工人。

我们要在这样巨大的落差之中想尽办法谋生，在数以万计的打工人中脱颖而出，完成自己生存到生活质量的过渡，说直白点，就是挣更多钱，让日子过得更好点。

但是打工人也分好几档，区别在于，谁能更有效地运用时间，把工作做到极致，谁挣到的金钱多一点，自由度更高一点。

挣钱多和自由度，需要从发展的角度看，长远来说，你赚到的每一分钱，都是你对这个世界认知的变现，决定着你在这个行业或领域有多少话语权，以及决策权力。

打工人主要分布在三个层面。

第一层：为薪资打工，被动应付朝九晚五

都说世人慌慌张张，不过图的是碎银几两，让父母安康，护幼子成长。我们大多数打工人，是为了薪资打工。

打工赚钱谋生，是一种本能，即便心有不甘也会加班，即便被老板当众批评得一无是处，也能压下心底的不快，不是我们喜欢，是别无他法。

很多打工人，都认定自己是为老板打工的，老板让干什么就干什么，每个月关注薪资什么时候到账，年底十三薪还是十四薪，年会时老板会不会发红包。

被动承受着工作带来的不快乐，出售自己的时间，换取所谓"稳定的薪资"，维持现状，害怕变故，兢兢业业却也如履薄冰。

甚至还有的人对"钱多事少离家近"类的工作情有独钟，每天浑水摸鱼，然后盼着工资发放，没有野心，也不会多想。

在许多人眼里，工作只是一种简单的雇佣关系，工作做完就行，过关就好，至于质量的好坏，与自己无关。

之前设计部招过一个年轻的女孩，给她的薪资已属于行业较高的水准，但她做了一个星期，就主动离职了，原因是，她说从前的单位给的薪资更高，一个星期只需做几张海报，其他时间可以玩游戏、看视频、聊天聚餐。而且她是为公司做事的，为什么公司不提供餐补和交通补助？

她想按照从前的标准找工作，于是毅然离开。

后来在共同认识的人那里了解到，她辗转几家，都没能长久地留下，最终回了老家，结婚生子。

不是说结婚生子的路就一定不好，而是她原本可以在工作中提升自己，却因为懒惰与固执的思维，错失一次次机会。

如果她能早点明白，越清闲的工作越会磨平她的斗志、工作实力和作品水平，不知道她会不会做出不同的选择。

想起因撤掉收费站而失去工作的收费大姐；在柜台前帮人卖东西的柜员……其实都是在为平台打工，只要平台出现变动，他们立刻就失去了工作，甚至不知道什么时候就被裁员了，因为他无法提供有效的价值，自然不具备任何竞争力。

抱着这种消极心态工作的人，注定不会变得有钱，甚至一生平庸。因为这世界上没有什么是一成不变的，薪资不会总是稳定，平台不会总是稳定。这是非常典型的，也是多数人的思维模式，即"我是为公司打工的"，我付出了时间和精力，公司就应该付给我同等的报酬。

这样的价值交换本没有错，但长远来看，这种交换是可惜的，因为会让人失去竞争力，变得麻木，变得懒惰，失去价值，最终失去成长的机会。

换得一时的薪资容易，想要发财，实现财务自由，基本没戏。

第二层：为自己打工，主动寻求可能性

假设摆在你面前有两份工作，一份是朝九晚五在格子间上班，工作内容非常少，且完成分内之事即可，没有压力，周末有休息，公司给交社保、公积金，也有餐补。

另一份虽然也是在格子间工作，但非常忙碌，且五花八门，有时外出采访，有时对话大咖，一个人当两个人用，写完稿子，还得兼职运营，做完方案，还要就地执行，投入的时间和精力都相当多，但薪资比第一份要稍低。

你会怎么选择？

其实我们都知道，从长远来看，第二份工作能够带来更多的成长和收获，但我们大部分人会选择第一种，我们担心，第二份工作由于各种原因，薪资待遇可能无法实现阶梯增长。

萧伯纳说："自由意味着责任，正因为如此，多数人都惧怕自由。"

很多人不愿意上进，想不清为自己打工的本质，并非他们没有一双善于发现的眼睛，而是他们根本不愿意为此多付出哪怕一分的责任。

他们渴望自由，却又恐惧奔赴自由所通往的炼狱之路。他们渴望财富，却又被自律过程中的枯燥和乏味吓倒。

他们的大脑偶尔想到应该为自己打工，但是身体却日复一日地困在舒适区里。

有人停滞不前，就一定有人突破天花板，到达顶峰。

后者，更明白工作的本质，其实是借助公司这样的平台，实现自我价值。

这类人的思维是主动的，他们花更多的时间在工作研究上，为的是快速实现自我成长，花更多的精力研究效率方法，为的是挣到更多钱，甚至花钱提升自己，为的是让自己更值钱。

社交媒体上有这样一个公式：你每天成长1%，一年后，你就成长了38倍；你每天倒退1%，一年后，你就成了废人。

被动稳定的薪资，意味着你承担的风险小，与此同时，获利也足够小，甚至极大可能出现倒退的情况。

而主动的成长方式，才会让你增加价值，收获复利，提升心智，从而让自己站在更高的位置上。

不管选择哪份工作，都要明白，被动打工者的命运是维持生活，而主动打工者的使命是创造价值，你所积累的经验和财富，终将成就你。

随着时代的快速发展，想要不被抛弃，你需要跟上时代的脚步，为自己打工。

第三层：为自由打工，拥有更多选择

我曾在一家微商创业公司短暂地待过两个月，他们的一级代理商，在微商红利期的那几年，年入几百万元甚至上千万元不是问题，而二级代理、三级代理之后，最底层的微商，只能在朋友圈发发广告，挣不到太多钱。

一级代理商，成立了公司，成为老板，让别人为自己赚钱，不仅财务自由，时间也自由。

最底层的微商，辛苦发圈，辛勤送货，付出的时间成本足够多，换来的回报却相当少。

所以等你站在为自己打工的位置上，你不妨再深度想一想，你更想要的是什么？我更想要的是时间自由和财富自由，如果不能兼得，哪怕实现其中之一也是极好的。

如果说，为薪资打工，是为了维持生活；为自己打工，是为了提升；那么，为自由打工，才能实现打工的最高境界：不惧怕任何变故，因为已具备变现的能力。

提起读书，我们总会想到樊登老师，他创立的"樊登读书"APP和他推荐的书，已经成了这个领域的标志；提起学习类软件，我们总会想起"得到"，想起罗振宇的逻辑思维，这也已经是实现自我成长的必备利器；提起直播，我们总会想起李佳琦，在他这里买东西，很少踩坑……

发现了吗？他们早已创立了自己的品牌，拥有了自己的人设，成为某个领域的风向标。他们已经不仅仅是为自己打工，而是站在了更高的位置，拥有了更多的选择，他们已经完成品牌、个人IP、价值的实现，他们的名字，本身就可以赚钱。

所以，不要止步于为自己打工，更深入地思考一下，你是不是还有更高的价值。

我们普通人也许做不到像名人一样，成为某个行业的佼佼者，但是我们也应该做好准备，争取创建个人品牌，成为公司里的佼佼者，甚至有朝一日，辞职转行、创业成功做老板、成为自由职业者……

那个时候，你的时间是值钱的，也是自由的，你的财富是阶梯增长的，你会拥有更多的"睡后收入"，你会明白高福利所为你带来的，是人生更多的可能性。

换句话说，打工的顶峰就是实现自由，你需要一步一步爬上去，别放弃，让别人看到你的价值，最终自己受益。

尽管我们都是打工人，但抛却生存本能之后，我们还应该有更高的追求，把人生的成长掌握在自己手中。

比尔·盖茨曾说："年轻人欠缺经验，但请不要忘记，年轻是你最大的本钱。不要怕出错，也不要畏惧挑战，你应该贯彻始终，在出人头地的过程中努力再努力。"

为了你的自由，打工人，努力吧。

找到内在动力，把诱惑挡在门外

自律是一种"反人性"行为

这几年，我陆续报名过好几家健身房，其中有一家倒闭关门，一家老板跑路关门。

其实我没去过几次，尽管其中一家步行就可以过去，但我仍然以工作忙、事情多等诸多理由敷衍自己，也因此，当我知道它关门的时候，已经是两个月之后了。

跟朋友聊起这件事，朋友说："你知道为什么健身房容易倒闭吗？因为健身是一件'反人性'的行为，真正的人性是'睡觉睡到自然醒，数钱数到手抽筋'，健身房非得让人家每天神采奕奕，随时处于运动状态，这不是'反人性'吗？"

诚然，健身房的关门也许是恶意竞争，盲目扩张，利用率低等诸多原因造成的，但朋友说的"健身是一件'反人性'的行为"，我是认可的。

很多人办了健身卡，最开始也许是因为"买两年送一年"的促销力度而心动；也许是因为真的希望瘦身塑形，实现健康减肥两不耽误；也许仅仅是为了自己的励志人设看上去名正言顺。

但最终，很多人都成为"伪健身达人"，会员卡就在那里，你却以工作忙、事情多、要聚餐、要约会等各种理由敷衍自己。

其实最根本的原因是，一个人要想从持续健身中获得乐趣，获得好处，获得自发锻炼的动力，太难了。

断断续续的锻炼，除了可以拍照发个朋友圈之外，无法让你收获完美的体重和身材，你得不到成就感，也不会有愉悦感，更何况，没有专业人士指导，你错误的锻炼方式还容易造成肌肉拉伤、关节错位等不同程度的损伤。

但是有没有人真的做到坚持健身，最终收获好的身材、美的形体以及健康的体质呢？当然有。

人称"潇洒姐"的王潇，"趁早"品牌创始人，CEO，宝儿妈，畅销书作家，身兼数职，忙碌程度可以想象，但她仍然坚持每周去一次健身房，一次训练两到三个小时，实在不能去的情况下，也会用零散的时间来运动。

她自己曾形容过最开始健身的经历，由于韧带和肌肉的退化，导致锻炼一度很崩溃，但她还是坚持恢复下来，先去做一些能给自己信心的东西，用深蹲和手臂哑铃代替仰卧起坐，练不出腹肌，练出一个漂亮的肩膀也好，一天天，进步都被记录在表格上。

事实证明，只要不停下来，是可以做到的，王潇产后身材半年基本恢复，她把自己的100天健身计划写下来，成为畅销书作家。

你看，这么"反人性"的行为，却有人做得那么好。

无法靠兴趣支撑，我们凭借什么去坚持？

很多人说，虽然反人性，但是如果把健身、学习、工作变成兴趣就会好很多，问题就在于，任何一件事，你天长日久地重复去做，它都不会再是你的兴趣。

我从前热爱写作，每天脑子里会自动迸出很多新奇的想法，迫不及待地想要记录下来，想要向更多人展示我的创意、我的内涵、我的与众不同。

后来写作成了我的工作，帮助我达到更高的位置，得到更好的待遇，带来更多的机会，我日复一日地写，直到心力交瘁、灵感枯竭，甚至由于顾虑太多，写出的东西不再是随心所愿，我不再觉得有趣，只感到无穷无尽的疲惫。

我的拖延症前所未有地严重起来，抵触情绪也达到最高峰，我甚至一度觉得自己江郎才尽，写不出更优质的内容了。

后来，我告诉自己先不要写，先读书，先跟朋友聚会，先享受当下的时光，我开始慢慢调整自己的心态，不断地问自己想要什么。

答案很容易就找到了，当很多读者在微博、公众号给我留言，诉说我的文字给他们带来的改变时，当我看到自己能够促使别人变得更好时，当我因为这项特长而获得更高的薪资待遇时，当我儿子以我为骄傲时，当我的生活越来越好时，我就知道我应该怎么做了。

所有的一切来自他人的尊重、珍惜、重视，来自自己的自信、独立、底气，这些源于成绩和能力，当我渴望这些成就感的时候，这些都成了我的内在驱动力，将促使我通过自律、自爱、自我学习和成长，来继续保持、发挥自己的这些能力。

我开始自我调整，不再纠结为了兴趣而工作，还是让工作成为兴趣，而是换了个角度，找到自己内心真正的渴望。

麦克利兰提出的著名成就动机理论，他认为"动机"是影响一个人表现最底层的原因。

动机的根本，就是我所说的内心的欲望，即你究竟想要什么。

我渴望变得更好，写作是创造自我价值的途径；我渴望有人看到我的观点，并从中得到力量；我渴望记录我在三十几岁的感悟，让人生更加充实丰盛，我甚至渴望写作能够变现，带给我经济方面的帮助。

人最不缺的就是欲望。买奢侈品的欲望，买房换车的欲望，被人尊重的欲望，拥有底气的欲望……

一个长期控制饮食和健身的女人，她对自己外貌的在意，超过了对美食和刷剧的诱惑；一个长期坚持学习，和自己死磕的人，他对成功的渴望，超过了躺在床上玩游戏的诱惑。

想要获得更高层次的成就感、自我价值、意义，必须找到自己的内在驱动力，你才能获得巨大的动力，依靠你的这些欲望，实现自律。促使你我一次又一次克服瓶颈，坚持下去，成长就是明白自己想要什么，然后全力去争取。

举个最简单的例子，你发朋友圈的目的是什么？有一部分人发朋友圈是为了获得点赞和评论，也就是说，他希望自己的内容能够得到关注和赞扬，因此他不断学着拍照、修图、编辑文案等内容，那些"想要被他人认同"的渴望就是他的原动力，为了赢取更大更多的目光，他需要拍出比例更好的照片、修出更有意境的色调、写出更能引发共鸣的文案，这些就是内在驱动力为他带来的进步。

你能够坚持去做一件事，不一定真的非常喜欢这件事，而是因为你在这件事上做到更好，得到了价值感、成就感、他人认同感。

当你把这些态度运用在工作、专业等方面的提升时，你一定能够获得比现在更好的成绩。

不找理由，拒绝诱惑

找到动力还不够，想要有所成就，你还需要坚持。

我们大部分人之所以做事失败，是因为我们总容易被情绪支配，让各种不重要的事情占据了主要的精力，从而找到了各种各样的理由拖延，然后懒散，半途而废，生活过得毫无秩序。

本来你可以去健身，但发现躺在床上刷短视频更舒服，于是你不再出门，定了外卖，浑浑噩噩地度过了一天。

本来你约好了朋友要去听培训讲座，但你觉得太无聊了，也不一定有帮助，于是一个劲儿地玩手机，混到最后的时间离席走人。

本来你半天就可以完成的工作，你觉得既然领导没问，就不需要着急赶出来，于是在办公室浑水摸鱼，把工作拖延了好几天。

舒适区里的诱惑太容易打败"反人性"的自律，不需要大量运动，舒服；不需要深入思考，简单；也不必想余生怎么办，没有焦虑……

这么"好"的事情，当然要比自律上进舒服多了，日复一日，你失去了上进心、失去了责任感、失去了竞争力，甚至失去了自我。

其实游戏、短视频、搞笑段子这种碎片式的娱乐，带给你的是短暂的快感，你沉浸在这种及时的快乐里，却得不到永久的安定，当你终于停下来，面对时间逝去和一无所成，会陷入更大的焦虑之中。

《自控力》一书中说过："集中注意力，拒绝诱惑，控制冲动，克服拖延是非常普遍的人性挑战。"

所以要想真正实现自律，就要先拒绝诱惑，拒绝无聊的刷剧、疯狂地看小说、酒肉朋友的聚会、钩心斗角的工作氛围、琐碎消耗情绪的一地鸡毛……拒绝舒适区里的诱惑，因为这些诱惑会阻碍我变得更好。

前期兴奋，中期痛苦，后期享受

作家格拉德威尔在《异类》一书中指出："人们眼中的天才之所以卓越非凡，并非天资超人一等，而是付出了持续不断的努力。一万小时的锤炼是任何人从平凡变成世界级大师的必要条件。"他将此称为"一万小时定律"。

按照一万小时定律推算：每天工作八小时计算，一周工作五天，那么，要想成为一个领域的专家，至少需要五年。

所有的成功都不是一蹴而就的，需要不断地重复、积累和沉淀，才会形成阅历和经验。这是一个循序渐进的过程，刚开始由于目标设置得简单，你轻易就做到了，因而感到自律是一件容易的事情。

天才的卓越非凡取决于持续不断的努力，一万
小时的锤炼，你也可以从平凡到卓越！

————一万小时定律

只是，一天两天的坚持容易，一年两年的坚持难，在这个过程中你会遇到各种各样的瓶颈和诱惑，会因为选择自律还是选择放纵而感到痛苦，一边是枯燥的坚持，一边是短暂的享乐，你会因此而产生巨大的迷茫。

你最大的敌人不是别人，是鸡毛蒜皮的小事、无处宣泄的情绪、漫无目的的拖延，这些无一不在消耗你的时间和精力，让你半途而废，铩羽而归。

一旦你突破了"瓶颈"，实现了自我控制，自律会成为你的一

种生活方式，你最终会发现，自律到极致，为你带来的是内心的
安定、生活的安稳、高度的享受，你的受益轻松实现了。

人生走到最后，所痛苦的都源于前期没有实现的目标和对当
下生活的不满，所享受的都是前期打下的良好基础和自律带来的
收益。

自控力研究专家沃尔特·米歇尔说："自控力仅仅是一种能力
而已，只有再加上确定的目标和强烈的内在动力，我们才能真正
找到方向，取得成功。"

找到你内心的渴望，把它变成你的动力，然后拒绝诱惑，持
续自律，你的人生会有起色。

你的焦虑，就是活着的动力

01

同事李哥的键盘底下，压着一张纸条。

白纸黑字写着他的借款信息，是买房时向亲戚朋友借的外债，总共三十万，不包括每个月的房贷。

这些钱是压在李哥心头的重担，常常让他焦虑到失眠，有一回加班到凌晨四点，他仅仅睡了两个小时，就起来给孩子洗衣服，因为睡不着。

为了最短时间内还完钱，李哥开始了省吃俭用的生活，冬天带饭，夏天吃食堂，食堂饭票十块钱一张，有荤有素，能吃得很饱。最让人佩服的是李哥的好脾气，无论甲方怎样刁难，设计图如何修改调整，他都尽心尽力，好言好语。

他说每当被客户折磨，生气想辞职时，都会看一眼压在键盘下的那张欠款条，然后安慰自己，忍得一时风平浪静，工资到手海阔天空。

　　其实李哥借钱买的是第二套房子，岳父岳母不远千里投奔女儿女婿，看孩子、做家务不容易，李哥感念，于是咬牙跺脚，在自家小区又买了一套给岳父岳母住，一来离得近有照应，二来又不必为生活习性不同导致矛盾。

　　尽管压力增大，吃不好睡不好，但李哥说，这些都成了他工作的动力，他已经奔四了，如果没有这些压力，他很容易就窝在舒适区里，安逸度日，等着退休，但现在还想再折腾折腾，余生就有了奔头。

　　年龄和精力的退却，让中年人从生理上首先产生了停滞，但我们为自己找到一个又一个外在驱动力，在焦虑的心境中，逐渐摆脱中年危机的困扰，人生完全有可能再迈一个新台阶。

02

我们大多数人的生活现状，都避免不了焦虑。

婆媳关系，孩子的教育，职业的"瓶颈"，双亲的老去，甚至生活的变故……重压之下，委屈、焦虑、烦躁接踵而至。

然而，正是由于这些负能量驱动着我们，我们才能在安逸的世界里再次上路，奔向远方。

我很想每天清晨睡到日上三竿自然醒，但我依旧要早起一个小时为孩子做好营养充足的早餐，孩子长身体，不但要吃早餐，还要营养均衡和丰盛。

我很想利用假期出去旅行，畅游辽阔天地，但我还是给车子加满油开五六个小时回老家，我以后有很多时间旅行，但父母公婆年纪越来越大，能多回家一趟陪陪他们，我觉得心安。

我也很不想工作，每日养花种草遛鸟，K歌喝酒蹦迪，但我到了上有老下有小的年龄，我需要拼命赚钱和攒钱，以面对突如其来的变故。

这些牵绊，无论是情感的，还是物质的，都促使我更加焦虑，导致我刚过三十已生华发，但我仍然庆幸有这些焦虑的时刻，不然，我还躺在沙发上看小说，还胡吃海塞任由体型肥胖，还在为几块钱与小贩争执，格局还是那么一点点。

焦虑让我重新审度自己，在不断折腾中成长、成熟，心中已过万重山，辗转反侧，最终选择继续振作赶路。

03

那句"人无远虑，必有近忧"，其实蕴含着深刻的道理。

现在不担心孩子的成绩，不为他培养好的学习习惯，等到高考大学时，后悔已晚。

现在不赚钱买房子，等到房价让你高攀不起时，后悔已晚。

现在不努力工作向上攀爬，等到四五十岁一无所成时，后悔已晚……

都说人生行乐要趁早，其实思虑周全才要趁早。

跟一个朋友吃饭，饭桌上，他苦大仇深地说，以后超过十块钱的饭局别喊他了。

玩笑归玩笑，我知道他为什么这么说。

最近，他投资了一个电影项目，花掉他很大一笔积蓄，这是本职工作之外的理财投资，有赔本的风险，他却孤注一掷地说，趁着还能折腾得动，拼命折腾吧，不做点什么，太焦虑了。

他说要感谢自己这种杞人忧天的性格，上有老下有小的年纪，看上去人生似乎已经定格，但因为内心的不安，催促着他往前走，才能做出点成绩，不然早被同龄人抛弃了。

至少，在这样的拼搏里，他越来越有能力，去翻越一座又一座高山，去拥有自己人生的主导权和控制权。

04

其实我们的焦虑通常来自与他人的对比之中，思想上认为自己值得更好的生活，但现实中自己的能力并不是很强，甚至思考良久发现自己毫无特长，眼高手低，才华配不上野心。

摩拜单车创始人胡玮炜，当初凭借15亿成为人生赢家，甩同龄人一大块，我们渴望能成为胡玮炜那样的人，但我们大多数都是普通人，所以我们一边渴望，一边认清现实，一边焦虑，一边学会放过自己。

你希望能多挣一些钱，但找不到多挣钱的方法，那就先把手头的工作做好，然后逐渐把工作做到最专业，无可替代。

你希望环游世界享受山河之美，但没有时间，那就静下心来，过好眼前的生活，把假期积累起来，哪怕一年去一个景点，也是好的。

焦虑的时候什么都不必想，尤其是那些远大的梦想和对未来的设想，你只需要把手头的每一件小事做好，一步一个台阶地去走，自然有春风化雨、水到渠成的那天。

我们每个人，其实都是在焦虑中前行，有时候它是一件好事情，说明我们正在努力地把生活过得更好，而不是在舒适区里安逸地吃喝玩乐等着退休。

而一旦没有前行的动力，一个人很快就废掉了。

要想不焦虑，先放弃攀比

01

有位宝儿妈看了我的书，然后给我留言，她问："卡西，你是怎么平衡好事业和家庭的，我看你处理得很好，工作顺利，家庭和睦，我却怎么也做不到。"

细问之下，我知道了她的具体情况。

她现在是一位职场妈妈，婚育后曾辞职在家相夫教子，直到孩子上了小学，她才恢复职业生涯，找了个电商行业的工作。

本以为重新踏入职场，一切可以随心所欲，但是这几年，行业发展变化太大了，她觉得自己的思想有点跟不上，明明已经很努力了，但仍然没有新来的年轻同事效率高。

领导安排的任务，她由于放学要去学校接孩子，想着第二天策划和整改一下，结果第二天刚到公司，年轻同事已经连夜加班出了解决方案。方案的可行性非常高，事实证明，执行后的效果也非常显著，不仅提升了原有用户的购买转化率，还给店铺增了不少新粉。年轻同事一战成名，得到领导的赞赏和奖励。

这种事情不只是一两次，她在体力和精力上，屡次被未婚未育的年轻同事无情碾压，以至于她陷入了自我怀疑，觉得中年危机提早来临，惶惶不可终日。

这仅仅是职场上的坎儿，更让她崩溃的，是身为一个妈妈的尊严。

她的孩子上一年级这一年，她被折磨得疲惫不堪，每次陪写作业，一道题讲了三遍，孩子还是无法理解，字也写得歪歪扭扭，兴趣班也一个没能坚持到最后，在她一遍遍河东狮吼的辅导下，期中考试，语文考了个不及格。

她崩溃了，一把鼻涕一把泪地抱怨：为什么孩子同学的妈妈，每天也不管作业，也不上班，就是逛街购物做美容，她从不用力，孩子却轻松考了一百分。

她自己无法调整状态，于是跑来跟我诉苦，问我该怎么办。

02

其实，我们最大的焦虑，就来自与他人的比较，由此引发巨大的焦虑，在这样的基础上，自己先乱了阵脚，无法形成一个有效的成长过程。

当你有了孩子，你本就不能做到将百分百精力放在工作上，你深知这一点，所以你非常心虚，你已经开始觉得自己不够好，这是心理上的畏缩。

然后你在行动上也有了比较，年轻的同事可以熬夜加班，你的时间却用来陪写作业，同事的加班换来领导的赏识，你的辅导却换来孩子成绩不合格，这还没完，同学的妈妈看似比你付出得少之又少，人家的孩子却名列前茅。

　　这样的心理落差，在与他人的对比中放大，于是，你对自己的付出感到委屈，对自己的无能感到愤怒，却又无力改变，只好通过情绪来发泄。

　　我自己并没有这位读者说的那样完美，我也会因为辅导孩子作业发火，我的工作当然也会遇见"瓶颈"，有时也无法做到事业与家庭之间的平衡。

　　庆幸的是，我知道怎样做不让自己陷入焦虑：不和别人比。

　　因为无论在哪一场攀比中，都不会有一个人全身而退。

　　你有没有觉得自己贫穷过？人近中年只买得起一套房子，甚至还需要每个月还房贷，对比一下你的大学同学、富二代同事，你的生活状态简直不值一提，自卑吗？

但是，你可以再了解一下身边的其他人，你会发现，有的人连一套房子都没有，是租住在学区房旁边的。

你有没有觉得自己很丑？天生没有姣好的容颜，后天没有整容的本钱，总是为别人递情书，男神却从不会为你停留一秒钟。

但是，你可以再了解一下身边的其他人，你会发现，有的人也不是那么好看，却通过知识、学历、健身、成绩等很多能力，提升了自身的魅力和价值，完成了外观、外形的逆袭。

你有没有觉得自己是来人间凑数的？在抖音随便刷几个视频，就会看到人人皆是大师，有的人剪辑出可媲美电影的视频大片，有的人随手一画就是一幅山水图，有的大爷大妈数十万粉丝，比你挣的钱多数倍，有的孩子，小小年纪考的证书比你三十年加一块的都多。

但是，你可以再了解一下身边的其他人，你还会发现，腿短、长着雀斑的女人很多，没钱又暴躁的男人也很多，你的同龄人，别说证书，有的连学历证也都没有，多数的大爷大妈更擅长广场舞。

你不应该总是向上对比，你也要往下看看。

其实你并不差，你只是有的方面比较差，但是谁没有缺点呢？我们不能总是盯住自己不擅长的一面，而忽略了自己也有发光的一面。

你要允许自己不完美，这些不完美不是你的全部，你的注意力不能总是放在缺点与遗憾上。

03

俗世意义上的男女，多数无法避免上有老下有小的命运，能够真正做到事业与家庭相平衡的，要么有老人帮忙把孩子教育得很好，要么家里有矿，一出生就是富二代人设。

我闺密的丈夫，生意做得还不错，这两年买了好几套房子，夸张地说，我闺密不是在签合同就是在装修的路上。

她丈夫从最初创业开了个小公司，到如今公司上百人，这其中也不是一帆风顺，经历了起起落落，避免不了应酬和出差，几番周折，才逐渐向好。

身为公司的老板娘，名下房子数套，孩子学习成绩出色，父母无病无灾，丈夫很忙但依然顾家，我闺密几乎可以说是人生赢家。

但她也常常焦虑，她担心自己与社会脱节，希望有自己的工作，担心万一丈夫的事业出现意外，她无法共担风雨；孩子但凡有一次考试没考好，她就会陷入巨大的恐慌中，她觉得自己全职在家辅导却还出现误差，怎么也说不过去。

她的生活质量尽管已经非常高，她仍然避免不了与他人比较，其实，她若和同在家里全职的其他妈妈对比，她一定可以发现，多少全职妈妈都在羡慕她。

他们结婚十周年纪念日那天，邀请了我们很多朋友到场，她丈夫对她深情地告白："我知道有很多好男人都会多陪自己的老婆孩子，但是我太忙总是做不到，你却从来不抱怨，所以我就拼命挣钱，这样，精神陪伴和物质条件，我总能给你一样。我之所以能够在事业上心无旁骛，是因为有你的全力支持，所以，你也要相信，你照顾家庭所付出的，与我为事业付出的，具备一样的价值，家庭这个事业比我创办公司的事业还要复杂，所以你比我厉害，能处理好这一切，你已经非常非常成功了。"

我们听完几乎落泪。她需要完美吗？我们每个人都不可能完美，总有顾不到的地方，我们没有三头六臂，无法做到事事权衡周到。

我们所能够做的，就是把自己该做的做好，不要只看自己的缺点，还要多看自己的优势。

04

有一个很火的面试节目，叫作《令人心动的offer》，很多网友看完，说，这个节目，应该改名叫《令人自卑的offer》。

去参加节目的实习生，简直把我们普通人比进了泥土里。

有个实习生，本科毕业于国际关系学院法律系，硕士毕业于美国斯坦福大学法学院。在本科期间就通过了司法考试和英语专业八级考试，直接保送进了北京师范大学法学院。研二时经过学校选拔，在UNSW（新南威尔大学）交换了一年，以Distinction（优秀）的成绩毕业。研三时，又收到了英国牛津大学和美国斯坦福大学的录取通知。

更别提他在面试时的那种从容、沉稳的气度，中英文无缝切换的流利，因自信而产生的人格魅力。

如果拿他与我们普通人相比，就好像围棋高手柯洁跟普通人去玩斗地主，简直就是降维打击。

如果被打击的还不够，建议你再看一下《你好生活》这档节目，其中有个片段是几个央视主持人闲聊。

张蕾说："我当年是艺术类第一名。"

尼格买提回应："我也是第一名。"

康辉也应和:"谁不是第一名。"

撒贝宁做了总结:"跟一帮还需要考试的人坐在一起,真的是……什么叫考生?"

撒贝宁这么说,是因为他是保送北大的,当别人毕业之后沦为北漂时,他又被保送了研究生,当别人找工作难、租房难时,他又顺利进了央视……人生一路开挂。

你看,这群人坐在一起,随便一聊,都会对我们造成全方位打击,我们拼了命地学习,也许才考个本科,而他们完全就是"天之骄子"。

但是,如果我们总是这样去对比,不就累死了吗?还能找到不断向前的意义吗?

我们大概率能成为的,是自身所处的日常圈子的平均水平,不要总拿自己的劣势去对比别人的优势,不要总是这山望着那山高,也不要在攀比中扰乱自己的生活节奏,你越觉得他人有你得不到的东西,你越焦虑,生活越糟。

你要做的是打破固有的认知,保持平稳的节奏,开发自我长处,比之前的自己有所提升,尝到成就感的滋味,才能激发自己内心的潜能。

放弃攀比,不再焦虑,当你养成良性的思维模式,前行之路就会越走越坦然。

有危机感，是赢的关键

跟其他家长们一起聊天，总逃不开辅导作业的话题。

有的妈妈为了让孩子别磨蹭，买了藤条，写作业时再磨蹭就家法伺候。有的妈妈忍不住情绪崩溃，孩子还没怎么样，妈妈自己先哭了。还有的妈妈借酒消愁，想不明白自己都这么努力地监督了，为什么孩子还是学不会。

上辈子作了什么孽，这辈子要辅导作业。

其实，很多时候孩子自己是没有危机感的，他还不懂得学习成绩的意义在哪里，不明白围绕着成绩所衍生出来的性格、习惯、优势到底意味着什么，那可能是他的前途，贯穿他长长的一生。

孩子只知道妈妈大包大揽了一切：早晨起床困难，妈妈会想办法的，哪怕威逼利诱，也不会眼睁睁看着孩子迟到；作业写不完，妈妈会一个劲儿地催促，即使挨顿骂，最终也还是能够完成交付；到吃饭时间了，妈妈会一遍遍地喊，就算画画玩游戏拖延了一会儿，妈妈也会留好饭，不会饿到的……

正是由于孩子可依赖的地方太多，没有形成自我独立的习惯，他才没有危机感，因为他知道，会有人帮他解决危机。

然而成年之后，他才知道妈妈不是无所不能的，捧高踩低的人常有，把饭喂到你嘴边的，也只有妈妈一个。

社会上危机四伏，如果自己没有危机感，没有解决事情的能力，你就失去了竞争的机会。

有危机感，才配谈竞争力

朋友圈里有位非常优秀的自媒体人，她建立了很多读书群，然后为写作者提供可以免费领取的书，以及写书评的平台，还帮助推荐和引流。

由于写作者较多，她就会把很多平台的征稿信息直接发到群里，大家可以自愿参与，每次群里都有不少作者会问："就选一篇还值得发群里吗，这一个群就几百人，等我填完表，人家稿子都过了，争不过啊。"

她说，其实以大多数人的勤勉程度，真的不存在什么竞争压力。

然后她举了个例子：这个群有三百多人，每次发布书评和征稿信息后，大约有一半人来问怎么领书，书评有什么要求，然后大概有几十个人愿意写，最终能够交稿的也还不到十人，这十个人再除去随意凑数的，真正符合要求的不超过五个人。

也就是说，如果你按照要求写书稿，你基本是在和另外四个人竞争。

这样的胜算大不大？还是很大的！只要你付出钻研的精力和努力，成功率是非常高的。

几乎不存在"这么多人写，竞争太大了，没法上稿"这种问题，因为完稿并投稿的人寥寥无几。

　　而大多数人，还没开始，就被自我想象的竞争吓死了，为了避免淘汰，放弃了开始。

　　多数人是无法在这种情境下感受到危机的，他不懂自己为什么要辛辛苦苦写稿，熬夜写了之后还不是一样被拒绝？再说，就算过稿一篇两篇的有什么用，也不能当饭吃。

　　但那些有危机感的人，深知这不仅仅是一次征稿，更可能是一次机会，立刻抓住，然后写稿、过稿、拿稿费，又一项写作技能被认可了，可能还会带来下一次的约稿，职场上又多了一条退路。

　　没有危机感，人就会变得愚钝，对周围的事物不敏感，直到发现他人早已超越自己，才开始着急。

　　另外一个编辑，经常分享一些平台的福利，建议大家填写表格，对增加流量有助益。

她说，分享的时候，一般没人理她，也鲜有人问她如何操作，后来群里有位妹妹说："填这个表格是很有用的，我是新号，更新慢，每周更新一次，但是我都会填写这个扶持表，两个月已经有一万关注量了，还开通了收益权限，每个月能赚几百块，虽然不多，但是我很满意了，也算是一项额外收益。"

就在这位妹妹说完之后，群里几十个人蹦出来问编辑，表格在哪，怎么填写。

其实群里那些人，未必不想赚点外快，不然也不可能在这样上进的群里，但是他们没有意识到压力，当有人真的挣到了钱，他们开始急了，觉得有危机感了，然后开始着手尝试。

这个时候，他们才开始具备了一点竞争能力，才有资格与他人一起争夺这块流量的蛋糕。

危机感的另一面，是敏锐的直觉

我认识一个做银行保险的朋友，他的家庭条件不太好，父母帮不上什么忙，他从小城镇到北京打拼，为了多挣点钱，他前后几份工作都与销售有关，后来经人介绍，做了理财保险员，驻在一个人流量很大的银行门店。

他业绩做得很出色，平日里接触的客户遍布各个阶层，有十几套房子的本地老太太，有勤快打工的白领丽人，有大企业的有钱老板，也有把积蓄放在理财里的年轻人。

2008年金融危机的时候，他把手里的积蓄都拿来买了房子，按他当年的积蓄是不够买一套房子的，他四处找人借钱，竟然凑齐了两个首付，买了两套，每个月还两份贷款。

后来的事情，我们都知道了，金融危机之后，北京的房价翻了数倍，自此一"役"，在同龄人哀声一片的"买不起"中，他几乎等同于实现了"财富自由"。

说起买房的缘故，他讲道，其实他一直都有买房的打算，可能是一直明白自己的处境，知道家人帮不上自己，因此靠自己赚钱买房的欲望就更强烈。

再加上他每天接触很多不同阶层的人，那段时间，他了解到全球都陷入金融危机，房价开始进入低迷期，而银行的信贷政策又非常好，当时他感觉这是买房的最好时机，几乎是一瞬间就做了决定：买。

你看，买房，源于他的危机；家庭的匮乏，导致他始终明白万事靠自己的道理，这也源于他的危机感；认识的人多了，见的世面多了，会发现自己的短板，你渴望改善短板，那就是你的危机感。

危机感，从另一方面来说，就是人的敏锐直觉，在别人还懵懂的时候，你就猜到了事情的走向和发展，以及可能带来的后果。

村上春树在《1Q84》里说："你再怎么才华横溢，也未必就能填饱肚皮；但只要你拥有敏锐的直觉，就不必担心混不上饭吃。"

危机四伏之下，让其为你所用

如果你仔细思考的话，可能会发现，你的身边危机四伏。

对于学生来说，比较明显的危机感是考试成绩和交际能力，几乎所有人都希望有一个优秀的学习成果和一个良好的人际关系，这是他们努力的意义。

对于上班族来说，最在意的大概是职位的晋升空间和薪酬的涨幅比例，我们都期待自己在工作上有所突破，有更好的经济条件和社会地位，这是坚持的意义。

对于成年人来说，买学区房，换一辆更好的车，攒点积蓄以备不时之需，为孩子多报几个兴趣班……危机感随时存在着，让你不敢停下来，甚至可以说，每一项中年危机，都会让你对周围相对应的事物产生敏锐的直觉，你关注什么、渴望什么，什么就会成为促使你前行的动力。

危机感虽然一直都在，但真正懂得利用起来，则又需要耗费一些力气。

首先，大量的阅读和见识是必要的，这有助于你分清哪些信息是有用的，哪些信息是需要被过滤掉的，阅读会增进你判断事物的能力。

其次，思维是要可塑的，不要固执己见，该变通时一定要学会变通，你五年前接触到的事物和五年后遇到的事物，不一定是一回事。

最后，学点哲学，这一点我在另一篇文章里也提到过，哲学是关于命运的学科，你可能会在其中发现问题，或者找到解决问题的方法。

也就是说，你需要多看、多听、多说、多交流，直觉才有机会形成体系，进而拥有分析事物的能力，这样你对待身边的危机才会更加敏感。

有些人的第六感非常准，其实也不是什么玄学，就是因为他长久地关注这一类事情，从而得出了某部分没能说出口的经验，然后刺激自己把这件事处理成利己的情况。

试试吧，去感受危机，不要仅凭着想象就打退堂鼓；让危机为你所用，变不利为有利，无论你处于那个阶层，有着什么样的生存压力，只要你真正想改变自己的危机，你就会找到办法。

年轻人为爱哭泣，成年人为穷落泪

01

新来的同事，很想找个女朋友。还没过实习期，就把公司单身的姑娘了解全了。有一个女孩特别入他的眼，于是他开始了追求之路。

男孩外形高大，长相也过得去，又是独生子，父母用仅存的积蓄给他买了房子，在这个城市也算是一个能够以结婚为前提交往的对象。

但是他被拒绝了，拒绝他的女孩来自外地，在这座城市租着一室一厅，每天上班需要转两趟地铁。

男孩不依不饶，每天午休时间都要想办法找女孩联络感情，下班找机会送女孩回家，女孩拒绝得很干脆，于是男孩借酒消愁了好多天，才逐渐消停。

我们好奇，私下里问女孩是怎么回事，她给男孩留足了面子，只说是两人性格不合适。

其实，我知道是为什么，有一回我俩外出吃饭时，她说起来，那个男孩是在蜜罐里泡大的，不懂人间疾苦，每天研究的是吃喝玩乐，他的工作岗位是个闲职，收入不算高，专业能力不强，重点是，他目前没考虑过如何升职加薪，在职场没有太大发展空间，去创业没有任何实力。

虽然他的家庭条件还算可以，但是不足以支撑他毫无斗志的一生，也就是说，他既没有持续啃老的资本，也不具备突破自我完成逆袭的资本。

如果两个人在一起，因着生活理念的不同，必然会有巨大分歧，女孩没有兴趣为自己找个"儿子"——教他上进、引领他成长，是一件太耗费时间的事。

女孩尊崇独立，虽然租房住，却靠着多年的薪资攒了一笔钱，为买房做准备，她的前男友是个富二代，比现在追求他的这个男孩条件要好得多，但无论是前男友还是现在的追求者，都存在一个她没办法接受的"缺点"，那就是不上进。

他们过于安于现状了，女孩却有很大的危机感。

她说，小孩子才会深陷于情爱的沼泽，把生活过成八点档偶像剧，成年人要爱情事业两手抓，父母不能庇护一辈子，人生那么漫长，谁也不知道会出现怎样的变故，她希望自己的男朋友是一个为未来而打拼的人，在他们做好已婚已育之前，他们应该首先具备独立应付生活一切磨难的能力。

可能是原生家庭的缘故，女孩过早地懂得了生活，她知道，毫无进取心的人，万贯家财也有可能离他而去，而不断向上攀登的人，即使现在贫穷，依然可以打造一个光明的未来。

她要的，是能持续解决人生麻烦的伴侣，是中年之后不会对家庭袖手旁观的男人，更是一个共同进步拓展人生边界的搭档。

她要的，从来就不是小情小爱。

02

我非常赞同这位姑娘的人生看法。

随着年龄的增长，我接触了更多的中年人，有光鲜亮丽的，也有破产颓废的，有遭遇职场"瓶颈"的，也有创业艰辛却仍在坚持的。

人到中年，说到底，所有的危机都来自缺钱。

35岁之后突然遭遇公司裁员，失去的不仅仅是工作，还有中年人的脸面、尊严、心理上的失衡和一家老小的经济来源。

即便不失业，就不焦虑了吗？35岁之后，早7点出门赶公交车，晚上八九点回到家，每天有三四个小时的时间花在坐公交、转地铁上，那种精打细算的无奈，生生让人早生华发；更别提35岁之后还没有自己的房子，那种买不起的焦虑，孩子上不起好学校的担忧，已经足以压垮任何一个中年人。

所以当我看到网上或者身边那些年轻的男孩女孩，为了爱情互撕互骂恨不得拖对方入地狱的行为，街上怒打小三拿刀疯狂报复的行为，失恋之后痛不欲生想要自杀的行为，我都恨不得跑过去把他们骂醒。

你现在爱得这么用力，把所有的精力和情感全部付诸一场失败的荷尔蒙悸动，你就失去了在其他方面获得更好资源的资格，你现在为眼前的情爱哭泣，却不知，自己要哭的日子还在后头。

有时和朋友聊起过去，会想当初不早恋考个好学校就好了，当初不因为失恋痛苦，把时间都用来搞事业就好了。

因为真正明白了成年的含义之后，才知道，世事无常，我们不要只顾谈情说爱，应该多谈现实、谈向上攀爬、谈中年危机、谈理想。

03

前不久去看房子，认识了一个中介。

中介给人的感觉很真诚，做事也靠谱，也不一味地劝我们买，更多时候是分析利弊，实话实说，不会为了成交就吹嘘夸大，聊多了，知道了很多人的买房故事。

有的人拼尽全力，才付得起首付，余生三十年都要在还贷款的路上；有的人想再买套房子，但是政策限购，只好办理假离婚，最终变成真离婚，一方苦苦等待复婚，另一方已另寻新欢；有的人想把名字加在对方的房产证上，不然就不结婚……

还有个女客户，想买套刚需房，她跟丈夫领证大半年了，还没办婚礼，她一心想着买了房子再办婚礼，这样亲戚朋友来时，也好体面一些。

但她的丈夫思想顽固，认为买了房子两个人压力骤增，生活质量会严重下降，这种压力包括他不能去酒吧、要减少游戏装备的支出、不能跟朋友喝酒唱K，因此，他对买房这件事比较抵触。

眼看着疫情期间房价下跌，女客户忍不住了，四处借钱张罗买房，夫妻两个隔三岔五就争执不休，甚至有一次，中介还接到了女客户丈夫的电话，警告中介不要再给他们推荐房子了。

就在她一心渴望着新生活的时候，她恋爱三年领证半年的丈夫出轨了，是他的同事，两人经常互相倾诉婚姻的不幸和琐碎，日久生情。

女客户在经历了情伤的两个月之后，又联系了这位中介，说凑足了首付的钱，买房子的事情不变，只是这次，不会再有人阻挠了。

像这位女客户这么拎得清的人，其实不多，更多人沉浸在情爱里，耽误了去过更好的生活。

这位中介说，见惯了因为房子闹得不可开交的夫妻和情侣，他已经不那么迫不及待地想谈恋爱了，在柴米油盐面前，风花雪月不值一提。

04

这样的故事实在太多，谁能想到，当初爱得死去活来的人，在利益面前仍然各自为伍，他们最初不够相爱吗？当现实摆在眼前的时候，爱情早就扔到脑后了。

所以你不要因为他劈腿了就一直哭，不要因为她拒绝你就一直痛苦，你的情感只不过经历着这个小小的考验，往后的考验还多着呢。

成年人的困境，都与钱有关。

疫情之后，在网上看到一位司机师傅说，疫情之前全北京有14万辆网约车，而现在增长至37万辆，很多人失业，没活干，就来开网约车了。

这是成年人每天都要面对的，很可能因为一场突如其来的灾难、一场行业内的震荡甚至一些连自己都无法猜到的理由，面临下岗和失业，一夜之间，深陷沼泽。

有钱才能活下去，有钱才能追求更高的生活质量，有钱才能让自己无论面对任何境遇，都有退路。

成年人是没有选择的，你不可能像小时候一样，依赖父母每个月给的零花钱，如果你有尊严，你也不会允许自己一把年纪还原地踏步。

年轻的时候，我们还能为了爱情夜夜买醉、痛哭流涕，年长之后，能让我们哭的，大概率是买不起的房子，进不去的学校，离婚之后没有经济来源，被劈腿之后发现还被骗了钱……

网络上有句很丧的话："不要年纪轻轻，就觉得自己进入了人生低谷，其实你还有很大的下降空间。"

为了不让自己过早地失去尊严，趁着年轻，停止你为爱流出的两行热泪，怀着热血，去为自己的人生铺一条更好的路吧。

找到坚持的方法，事半功倍

先设定一个小目标

有没有发现，你焦虑的时候，恰恰是你不知道该做什么的时候。

因为太闲导致内心恐慌，然后开始担忧未来，进而想要奋进，却苦于找不到方向，不知道下一步该怎么走，于是，整个人陷入极大的焦躁之中。

很多人因此疑惑，以为只要自己开始踌躇满志了，立刻就能抓住机会翻身，就像偶像剧里的主人公，一旦下定决心，几个快进镜头就把合同签了，项目做成了，简直全世界都在为他让路。

事实上，我们踌躇满志了几天，就会想也没人要求我们上进，干吗成天跟自己较劲，然后经过了茫然不知所措，最终觉得还是躺着玩手机的状态更舒服。

懒惰和安居乐业都是我们人的本性，万事开头难，难就难在不知道怎样开这个头儿，我们轻易就用"长期性混吃等死"，打败了"间歇性的踌躇满志"。

其实想要解决这种问题，谈假大空的雄心壮志没有用，虚远的梦想起到助益的作用有限，就跟做梦彩票中了几个亿一样不靠谱，因为不管梦里什么样子，醒来之后依然按部就班，很难有任何改变。

但是社会任何一个领域都是弱肉强食，如果我们想成为更好的自己、想拥有更多的东西、想靠近更高的阶层和资源，我们又必须有所突破和改变。

心理学上有个"期限效应"，人只有在接近目标期限的时候，才能集中精力去完成，因此，想要更好地完成一件事情，最好的方法是设定一个小目标，每一个小目标的完成，都是目标期限的实现，从而带来良性循环。

主动设定目标

我们很多人太被动了，不推不往前走，没人引导督促，自己好似不会向前奔一样。

就像公司的KPI，父母的耳提面命，各种工作任务。

需要你的领导、父母一遍遍催着你去做，用扣工资、取消奖金、吵架等手段逼你就范，但最终的效果却又不尽如人意。

这是因为，在面对同一件事情的时候，谁付出的精力、时间和期待多，我们就认为谁对这件事负责：父母催婚，你知道他们比你还着急，这件事看上去对他们的意义比对你的意义还大；领导催工作，你认为自己只是个打工的，没必要把命卖给公司。

当你面对他人的督导时，其实是带着抵触情绪的，归根结底是由于目标不是你自己设定的，你便认为那不是自己的事情，因此你对于完成它的愿望也不那么强烈。

主动设定目标则不同，如果你迫切地想要改变现状，你能够确定做这件事是为了满足自己的欲望、期待和要求，你才会有更强大的动力去完成。

比如，你希望学会一项乐器，你决定攻克一门外语，你渴望做个斜杠青年，积极拓展自己的能力边界，你还想找到携手一生的爱人，早点步入婚姻生活……

这些都是你的目标，并且是你想要改变目前的生活，自己所设定的目标，这些目标结合了你心底的冲动和欲望，实现起来就会比较容易。

设定可达成的目标

设定目标并不难，难的是实现目标。

因此，当你设定目标的时候，首先要确保，这个目标通过努力和坚持是可以实现的。

比如，你刚下定决心要振作起来好好挣钱，就立志几年后坐拥千万身家，全然忘记自己目前只不过是个私营企业的普通职员。

再如，你刚开始创业，就幻想着三年内让公司上市，这当然是你的期望，但如果你把上市作为创业的目标，你的压力会骤然增大，还会被无尽的挫败感打败。

过于遥远或难以实现的目标，由于在短时间内看不到成效，会给人带来无尽的挫败感，打消实现这个目标的积极性，非常容易导致半途而废。

其次，还要尽量设置一个较短的时间。

假如你设定的目标时间是一年，那你前半年基本不会行动，即使后半年开始行动了，你依然会拖到最后一天才完成。

这就是人思想里的惰性，总觉得时间还够，一切来得及，于是拖延了一天又一天。战线拉得太长，就给了自己懒惰的机会和拖延的借口，最后很容易拖黄。

所以，如果一件事情一个月可以完成，最终期限千万不要设定两个月。

当你的目标比较容易达成的时候，你会获得成就感和满足感，这样，你才有动力去完成下一个目标。

宏大理想分解成小目标

过于宏大的理想，有点像脱离了柴米油盐的爱情，徒有风花雪月的浪漫，却没有落地的成效。

当你的目标过于远大，你需要拆解成一个个小目标，然后一一攻克。

比如，你希望能够以公司股东的形式进行年终分红，而不只是满足做一个打工人，你会怎么做呢？是直接去找老板谈吗？在一个较大的企业里，老板可能都不认识你是谁。

你首先得提升自己的业务水平和专业能力，让公司的管理层领导注意到你；你还要用真才实学，让领导重用你；最后你需要一些手段、格局和能力，让领导离不开你。

这时候，你才拥有谈判的机会。

在这期间，你需要逐步去完成一个个可以实现的小目标，做一个完美的PPT方案、拿下一个重量级的客户、成为上级的左膀右臂、年底为公司创造丰厚利润……

只要你不是有钱的投资人，你想晋升，就得一步步来，脚踏实地，先实现一个个近期的小目标，才有机会实现最终的宏大理想。

坚定地执行

如果你打算一年内看完50本书，你大约需要一个星期读完一本，如果时间充足的话，可能三四天就可以读完一本。

相信很多人都列过读书的计划，但是年底的时候发现，书买了不少，读的却不多，每本翻了几页，不仅没读完，甚至读过的那几章内容也忘掉了。

是什么阻拦了你的读书计划呢？最大的原因还是没有坚持执行，你以为时间充足，以为读不读都没法改变眼前的生活，以为就看个书不需要什么规划，反正你最后没有完成。

或者你想要写一本书，才写了几章，就幻想自己成了百万畅销书作家，然后想起很多作家都有拖稿的情况，想起国外名家都是好几年才能写成一本书，于是你的进度开始放慢，执着的劲头开始放缓，整个人都放松下来。

渐渐地，由于琐事太多，你逐渐忘了自己要写书的事情，当然也忘了自己想要成为畅销书作家的事。

我们很多人，就是在这种半放弃的状态里，最终一事无成。

所以有了目标还不算完，我们需要坚定地执行下去，直到目标实现。

其实每个人的思想里都有些新奇的想法，之所以有的人最终成功，有的人原地踏步，究其原因还是在于执行力的区别，那些把想法付诸实践并为之恒久坚持的人，最终获得了回报。

迷茫的人千篇一律，付诸行动的人万里挑一，其实焦虑，也是一个人对自己想要达成的愿景无能为力的一种体现。

当你看不到自己的发展前途，找不到上进的动力，情绪面临崩溃的时候，不妨利用起你的碎片化时间，找一个重新调整的方向，设定一个可以实现的目标，然后，你就知道了从何处下手，并从中找到自己要走的路。

一个方案，需要文案写出精准干练的主题和描述，需要设计师做出贴切唯美的图片，需要策划整合出高端大气的PPT，需要提报人熟练并有技巧地向甲方展示，每一步，都不可或缺。

任何一个项目的完成，都是分解发布到各个部门岗位，再发送到每一个具体的执行人手里，最后实施。

任何一件事情的成功，都是通过每一个小目标的实现，最终得到了妥善的结果。

有时不能做好一件事，是因为想得太多，却做得太少，当你真的希望自己有所成就时，不妨把这种策略对调一下，让自己做得多、想得少。

注重理性层面对目标的设定和执行，减少感性层面对事物的幻想和放弃，你成功路上的阻碍会小很多，成功的概率也会大很多。

贫穷不会限制你的未来，贫穷的思维才会

其实从大多数人来看，我们的家庭、认知、水平是在同一个起跑线的。拉开我们之间距离的，往往是思维的认知。

顽固、僵化的思维模式，造就了你我之间信息的不对称，有的人靠着思维的升级，打开了新世界的大门，有的人固守着原有的"贫穷思维"和短暂利益，躲在舒适区里，限制了对自己未来的想象。

想要打破"瓶颈"，必然先要改善思维模式。

升级思维，学会变通

认识一位宝儿妈的丈夫，固执到什么程度呢？

她每次想要给孩子报兴趣班，丈夫就说孩子的时间应该用来玩，不报；每次她让丈夫陪伴孩子写作业，丈夫就说，成绩要靠孩子自己，家长帮不了什么，我们小时候父母从来不管学习，长大了一样能找到工作；每次她想要买房子，丈夫就说，不要给自己那么大压力，现在日子挺好。

由于她自己是个全职妈妈，没有经济来源，也没有话语权，只好事事听从丈夫的态度，而丈夫的固定思维，完全跟不上时代

的变化。

她丈夫的话真的那么权威有理吗？不，他只是被固有的思维困住，习惯固守于前人的经验，而不懂得随着时代的变化改变自己，他被框在这种传统的认知里，不懂变通。

说真的，时代发展如此迅疾，有时你还不知道有这么一项新奇的职业，这个行业的风口可能就过去了，红利期永远不会属于固定思维不肯改变的人，因为以你的认知，你根本发现不了风口和行业的红利期。

朱熹曾说过："要在看得活络，无所拘泥，则无不通耳。"

说的就是要跳出固有的、老化的思维模式，才有可能去接受新的事物，去了解新的格局和认知。

跟着时代发展走，才不容易走错路。

不落井下石，学会抱团取暖

在夜市的摊位上见过有人炸蝎子，据说可以祛湿排毒，买的人还不少。我有一次路过，看到盆里堆满了蝎子，那个盆很矮、盆口很大，却没有一只蝎子能够爬出来，没有一只能够摆脱被炸得焦脆的命运。

因为，但凡有一只蝎子往上爬，底下的蝎子就会拼命拉住这只"上进"的蝎子，不断撕扯，最终两败俱伤，都变成了炸锅里的食物。

我出不去，你也别想出去，我好不了，你也别想好。要穷，大家一起穷，要平庸，那就一起平庸。很多人都存在这种落井下石的心理，因为他身处底层，他希望身边的人也不要有出息。

一个人不会嫉妒马云，不会仇恨首富，却总是对身边旗鼓相当的他人心存恶意，因为身边的人就是你的照妖镜，他们的上进、积极、努力会显得你格外懒惰、笨拙，为了舒服地保持体面，你宁愿他们像你一样，不努力，待在底层坐井观天。

殊不知，见不得人好的人，自己也不会好到哪去，正是这种无知，让你的思维越来越狭隘。

前段时间，有则新闻引起网友热议：武汉某一大学同宿舍的8名女生，全部保研成功，分别被中国科学院大学、北京师范大学、同济大学、武汉大学，还有本校成功录取。

据说，在刚入学时，这几名女生就相约要"全寝保研"，然后，在接下来的大学生涯中，她们互相鼓励，共同进步，最终实现了最初的约定。

你看，优秀的人会彼此交换有用信息和方法，在各种交流中提升彼此的格局，互相帮助抱团前行，而那些贫穷的、落后的、垫底的人，却总是欺瞒、害怕，担心自己的绝招被别人学去，担心别人超越自己，闭门造车。

格局决定结局，思维决定前途。

随着年龄的增长，有一项技能你一定要学会，那就是搭圈子，共享资源，形成朋友圈的合力，和谁在一起很重要，因为你的圈子里是什么人，你大概率就是什么人。

要懂得"赠人玫瑰，手有余香"的道理，要学习他人的优点，提升自己，而不是拉别人一起垫背，自己也随着堕入深渊。

克服消极，不消耗自己

前不久，在咖啡厅工作，听到隔壁桌两人聊天。

两人是同事，其中一人不停地抱怨领导难缠，加班太多，奖金太少，到最后，她说，反正给的钱就那么一点儿，我们也不用总是较真，工作做得差不多就行了，下了班赶紧回家，有那时间我还不如跟朋友聚会呢。

而另外一个人一直在劝说，他说：别这么想，其实工作中学到的东西都是自己的，不要跟那些不好的事情过不去，我也不觉得是给领导工作的，毕竟领导也是打工族，他也不可能随心所欲，咱们还是做好本职工作，争取拿到更好的绩效考核吧。

我当时就在想，有些人过得不太好，是过于消极悲观了，思维总处于消极抵抗状态，把精力都用来思考怎样对付别人，而忽视了自己内心的成长。

其实你最该改变的，是你自己。

要想把人生这盘棋下好，你首先要学会乐观，遇到事情勇敢面对，积极解决，始终心存感恩，始终进步成长。

不要掉进消极的陷阱，那于成长无益，只会徒增烦恼，损耗自己的意志。

了解人性，驾驭人性

一个读者跟我说，他非常讨厌办公室的钩心斗角，有些人为了上位可以拉踩同事，为了业绩可以抢客户。

诚然，这些做法有违道德，但从商业角度来说，只要你人在职场，你便无法避免这样的戏码上演。

每个人都希望攀登到更高的位置上，每个人也都有自己的手段，你可以不屑一顾，但你实在犯不上为此焦虑、不安，甚至辞职，你不需要让这些事消耗你的精力。

还有很多人有仇富心理，一遇见富人出问题，总是忍不住成为键盘侠，幸灾乐祸，但是你骂别人傻之前，有没有想过，对方牛的地方？

一个成功的人，除缺点之外，他一定有过人之处。

看清人性，了解人性，然后驾驭人性，这些都能成为你攀升的利器，不要去抱怨，要反向学习，不要去指责，要研究分析，不要仇富，要学习富人成功的方法和背后的自律。

努力只是一种态度，而升级思维才是方法。

做到刻意练习，没有天赋也能成功

我最近报了个舞蹈班，学舞蹈一直是我小时候的愿望。

但以前条件有限，我未接触过相关的训练，以至于我从始至终都觉得自己四肢不协调，要么胳膊跟不上眼睛看到的动作，要么腿脚跟不上胳膊的变化，总之，我对自己能学会舞蹈这件事，秉持着怀疑的态度。

但是开始上课之后，我发现我完全不担心学不会，因为并不是每次都教新动作，常常一个动作重复多次，每个动作都反复练习之后，逐渐记住动作的次序，音乐的节奏，队形的调整……渐渐串联起一支完整的舞蹈。

也就是说，舞蹈技巧需通过大量的练习，在反复训练中加强对动作的熟练和感受，最终达成协调与美感。

我们看到那些优秀的舞蹈者，大多从童年就开始了日复一日的练习，在成长的这些年里，无数遍重复着丝毫不差的动作，每一步、每一个旋转、每一个下蹲，都是岁月的积累。

这让我想到一个读者问我的话，做到自律有什么方法吗？我想我已掌握，那就是进行反复的、大量的刻意练习。

这个概念，在20世纪90年代就已形成，被称为"刻意练习"。

这是一种非常有效和强大的练习形式，甚至对刻意练习原则的运用，已成为很多行业或领域。

李笑来在《通往财富自由之路》一书中也说道："重复，是从笨拙达到熟练境界的唯一通路。"

卖油翁所说"我亦无他，唯手熟尔"，用今天的神经科学术语解释，就是"通过大量的重复动作，最终使大脑中两个或者多个原本并无关联的神经元之间，经过反复刺激之后产生了强关联"。

任何一个领域的人才，多数不是因为天赋，而是靠着坚持大量练习，实现了从量变到质变的突破，大多数技能，都能够通过刻意训练，达到从不懂到熟练，从熟练再到精通的目的。

但如果在量变的过程中，能够思考出方法、付诸行动，就能够加速质变的到来。因此，我们在刻意练习的过程中，需要注意几点要素，以保证刻意练习有效，快速实现自律。

有效的练习

假如你想学好英语，你的目标是什么呢？

与外国人交流？出国深造？看懂英文原版书籍？不论哪一种，你都不能漫无目的设置目标，那会让你感到迷茫，因为没有明确的方向，什么程度才算达到与外国人交流呢？什么水平才能出国深造呢？多少词汇量才能看懂英文原版书籍呢？概念是非常模糊的。

而模糊的目标，所能达到的结果非常散，可能你刚练习了几天的听力和语感，又觉得练好听力，看美剧就够了……长此以往，你的练习非常凌乱，无法形成系统，不能做到有目的的训练，也就带不来有效的学习结果。

想要实现有效的练习，首先要有清晰的目标，你需要一个近期的可以实现的目标，很多培训课程之所以比自己毫无章法地学来得有效果，就是因为老师们通过研究，整合出了明确的方法和有效的学习手段，带着适当的目的去做，你的练习才是有效的，可以实现的。

反复刺激大脑

心理学上有一个多米诺骨牌效应，就是把骨牌按相等间距排好，推倒第一张牌后，其余的骨牌也会依次倒下，但是最后一张牌倒下释放的能量时比第一张牌倒下时多很多。

推而广之，无论是一句话的重复，还是一件事的重复，威力是巨大的，当你不断用积极的暗示刺激大脑，大脑会形成积极的条件反射场，最终给你带来积极的回馈。

我们在反复练习的过程中，其实就是通过同样的行为、言语、状态、动作等来刺激大脑，让这种行为和大脑进行多次联结，形成一种条件反射，让大脑以为在这种情境下，这件事是做到、完成和实现的。

比如，当我反复练习舞步的时候，每一次的练习，都会让大脑对舞步加深记忆，渐渐化零为整，记住每一个舞步，最终做到舞蹈的完整性。

这种情况，也能够刺激我们形成兴趣，重复性的事件，形成大脑反射，然后养成习惯，带来完美的作品，而作品带来的成就感，又促使我们持续完成这件事，最终回馈给这件事本身。

重复的次数够多

钢琴、围棋、游泳、书法，做PPT、写文案、建表格，任何一项技能的熟练和完善，都经过了无数次重复的练习。

次数越多，熟练程度越高，成功的概率就越大。

我有个朋友，最近正准备给孩子报素描班，她自己在上学时期也学过素描。

她说，想要学好素描，其实没有特别的技巧，前期就要大量练线条，因为素描效果就是靠线条来实现的，最初的几个月，仅仅简单的线条就要经过数万次的练习。

画板前一坐就是一两个小时，一遍一遍地描摹，一遍一遍地修整，直到画板上的东西有了立体的几何图形。

基本功之后，还需要反复研究明暗关系，让立体感更真实，还需要不断学习光影的处理，能够体现形体的变化和光照的不同……总之，每一项任务的递进，都需要大量练习，把每一项掌握并精进，最终结合起来，完成作品。

当你的学习、工作、事件没有长进的时候，你要学会扪心自问，是否达到了足够的练习次数。想要学会花样溜冰，只上几节速成课是远远不够的，想要学好素描，只在画板前描摹几次，显然也是不够的，想要做出完美的PPT，只会下载几个现成的模板，更是不够的。

无数次的重复换来的熟练程度，是给你的最好的回报。

心无旁骛地训练

我在跳舞班，听到有的学员问老师："我已经练习好多遍了，怎么还是记不住呢？"我观察过，她确实课上会练习，但她常常走神，有时会望着窗外，一个不注意，动作就跟不上了，有时会突然跑向置物架旁，拿起手机看几眼，再迅速跑回来，老师喊暂停时，她更愿意跟周围的人聊天。

这就是我们常常说的"专注力缺失"，不能够专注地练习，导致练习效果不好。当我们进行刻意练习的时候，需要通过自控力的监督，来减少注意力的分散。

试想一下，公司召开部门会议，当大家都拿出笔开始记录会议重点时，你却在旁边乱写乱画。著名小说家叶永烈曾说："一个人，即使是一个才华横溢的人，如果听任自己的才能向四面八方散射，常常一事无成。"当你试图在某一件事上刻意练习时，你要尽力做到专注，这样，才能有所收获。

内化成自己的一部分

天才毕竟是少数，即便是少数天才，也是在重复工作中才做到出类拔萃。

爱迪生发明电灯之前，做了两千多次实验，有个记者曾问他："为什么遭遇这么多次失败？"爱迪生回答说："我一次都没有失败，我发明了电灯。这只是一段经历了两千步的历程。"

爱迪生之所以说"我一次都没有失败"，是因为他把每一次实验都看作整个实践过程中的一部分。

从笨拙到熟练，从无到有，从零到数以万计……你重复的行为，不是失败，是通往成功的途径，不是无用功，是撑起成功的方法。

就像你读过的书，走过的路，最后都会成为你身体和思想的一部分，你刻意练习的结果，最终也会内化成为你自身的一部分，成为你的傍身技能和满腹才华。

如果说世上有一样东西不会轻易离开你，那就是你习得的熟练技能。

无论是想要做到自律，还是想要获得学习或工作上的突破，最终实现财务自由，技能是一个人必不可少的武器，多一样武器，行走江湖才更有底气。

但是技能是要修炼的，现实中没有武林秘籍，你不可能一夜之间成为高手，想要成为高手，必然要经历无数个重复的日夜。

正是由于我们能够在刻意练习中获得正向的反馈，我们才有信心、有动力坚持下去，不至于半途而废，熟练的技能让我们明白，刻意练习是有效的，我们的目的终将实现。

你不能持久的原因，是缺乏正向反馈

01

很多人无法形成自律的一个重要原因，就是没有收到正向的反馈。

也就是说，你坚持做的事情，没有带给你实质的成就感，比如金钱的回馈，地位的提升，有效的收益，尊贵的荣誉……无法得到这些反馈，你潜意识里认定自己的行为毫无效果，就不想再继续坚持了。

我最开始写文章的时候，每天动力很足，就是因为正向反馈非常及时，有时是被微博或公号的大V转载，有时会收到杂志社的约稿，有时是接到广告的邀约，更多时候，是得到读者的欣赏和称赞……

这些及时的正向反馈，都让我无比相信，我所创作出的内容是有效的、正确的，是可以帮助别人的，这让我变得自信，我找到了自己的价值感，因此，我会更喜欢写作，更重视每一次内容的输出。

这就能够为我带来一次次良性循环，写作—反馈—继续写作—

继续反馈，大脑思维和身体行为始终处于稳定的上升状态，整个人变得积极向上、心胸豁达、自律自信。

因此，我的意识会认定，持续写作，坚定输出，是一件有结果的事，无论何时我都不能放弃，我需要更精进，以创造出更高层次的正向反馈。

正向反馈，其实是一种正向的激励，为什么能够带来良性的结果呢？

在我们的大脑中，有一种脑内分泌物叫作多巴胺，多巴胺于1957年被发现，是一种神经传导物质，负责在神经元、神经和体内其他细胞之间传递信息，能够传递兴奋及开心的信息，使我们的大脑产生愉悦感，甚至在某些行为上上瘾。

而正向反馈，就是为了加速多巴胺的分泌，让我们的大脑保持在愉悦的状态下，创造一个良性的发展环境，让我们有更强大的动力坚持完成某件事。

但是，想要获得正向反馈的长久机制，也不是件容易的事，我们需要重视并努力获得两种正向反馈，一种是及时的，一种是持续的，前者帮助我们建立良好的自律循环状态，后者帮助我们坚持完成直至成功。

及时的正向反馈

收不到及时的正向反馈会怎样？非常容易半途而废，从而得出"我不行""我不适合这个行业""我搞砸了，别人正在笑话我"等一系列的负面结论。

相信你身边一定有做销售的人，有的行业，回馈机制的战线拉得很长，比如房地产领域，我有个朋友开了家中介，他店里的人员流动非常大。

这个行业一直存在着"三个月不开单，开单吃半年"的说法，就是说，经常有人三四个月也无法促成一单合同，但由于不签单就拿不到提成，底薪也会越来越少，多数人内心还是痛苦的，因此根本熬不到开单之日，辞职率非常高。

正向反馈不及时，轻易就让人放弃了。

我还认识一个作者，在知乎上有不少粉丝，她说，每次认真回答问题，得到很多人的赞同和评论，她就特别激动，就更有动力回答其他问题，相反，如果有问题得不到关注，情绪就很消极，有很长一段时间都不愿意继续答题。

我们做一件事情时，很希望快点看到成效，如果在漫长的时间仍旧得不到正向反馈，大脑就会产生消极的情绪，如焦虑、暴躁、迷茫，最终放弃。

抖音和游戏，之所以能够让人上瘾，就是利用了这一点。

抖音里，一分钟的段子竟然设置了两三个反转，快速地调动了你的兴趣，觉得特别"爽"；游戏也是如此，每闯过一次关卡，都能获得相应的奖励，让人非常有成就感，闯完这一关，你还想闯下一关。

我们享受其中的时候，大脑会分泌大量的多巴胺，让我们产生强烈的愉悦感，人的本能就是渴望舒适和愉悦，于是，多巴胺分泌越多，就越上瘾，不知不觉就会形成依赖。

因此，想要在学习、工作、生活中获得成功，就要人为地设置一些机制，创造及时的正向反馈，好让我们的大脑产生成就感，让我们所坚持的事情，也能够像刷抖音一样，及时获得快感。

持续的正向反馈

正向反馈仅仅及时还不够，还需要持续，因为任何事情的成功都不是一蹴而就，只要生活继续，你就得想方设法让自己稳步向前。

之前说过，大多数让你越来越好的特质，都是反人性的，比如健身，比如工作，比如减肥，所以非常容易缺乏持久力，做着做着就放弃了。

持续的正向反馈，就是为了对抗这种逐渐放弃的心理。

如果你仔细观察，会发现很多学霸不仅成绩优秀，而且性格开朗自信，为人也大度豁达，其实就是因为他们在成绩上获得了持续的正向反馈，这种反馈，可能是老师的夸奖、同学的羡慕、家长的认可，也可能是取得的各级证书、获得各种荣誉、赢得的奖学金。

总之，学霸成绩好—收到正向反馈—成绩更好—再次收到正向反馈—发展其他才艺—多次收到正向反馈，在这样一个持续的良性循环中，学霸所建立的自信和成就感，远比普通人获得的更多，且是持续的，这就促使他始终保持优秀。

及时的正向反馈只能维持一时，持续的正向反馈才能创造成功。

02

其实很多人知道正向反馈所带来的好处，只是苦于没有办法建立这种及时的持续的正向反馈，其实不用焦虑，我觉得有用的恰恰是被我们忽略的小方法。

自我奖励

为自己设置一些合理的奖励机制。

比如，如果这个月不迟到早退，拿到全勤奖，就用来给自己买个包包或者大衣。

如果能够提前完成老板布置的任务，就允许自己吃顿大餐。

如果把这个月的工资，硬性储蓄起来，没有乱花，就奖励自己假期旅行。

奖励要根据你切实的需求来设定，你平时想做而没时间做的，想买而不舍得买的，想去而拖着没去的，都能当作你对自己的奖励，因为是内心渴望的，才可以激发自己更好地坚持完成目标。

而奖励也是正向反馈，让人感受到，坚持完成自己设定好的目标，是能够得到有效回馈的，因此更容易坚持下去。

适当励志

上学时期，我们常常被课本中的人物故事所感动，常常被杂志上的事迹所激励，这种励志"鸡汤"，其实成年人更需要。

生活本身存在太多的灰色地带，足以让一个成年人陷入不思进取的状态，所以不要抵触成功学，也不要抵触鸡汤，还是应该定期看一看，促进大脑对正向思维的运转，保持向上的精神。

我有时候觉得没有动力，就体现在很迷茫，不知道该怎样做事情，于是拖延、懒惰都随之出现了，我就会去找一些我认识的

"大V"、作家、企业家甚至明星的成长史来看。

通过成功人物的事例，我能感受到一种舒畅感，原来他们也有过迷茫的时刻，原来他们是通过这种方法坚持的，原来我经历的他们都经历过，还总结出了方法，原来还有这么多新奇的事物和经验……这种舒畅感就像打通了任督二脉，浑身又有了力气。

通过这种方式，既可以阶段性地调整自己的心态，又能够继续产生向前的动力。

持续复盘

但凡古今中外有所成就的人，其实都是复盘高手。

复盘是从围棋中借来的一个术语，本义是，下完一盘棋之后，要重新在棋盘上走一遍，看看哪些子下得好，哪些子下得不好，哪些地方可以有不同甚至更好的下法……

其实就是把自己做过的事情重新梳理和思考，包括回顾、反思和总结，从而发现事件的优势与不足，进而找原因、找方法、找规律，下一次遇到相同事件时，可以做到至臻至善，避免犯同样的错误，避免接收到消极的反馈。

正面思维

尽量避免消极思维带来的影响，不是说不可以有消极的情绪，而是不要让这种情绪大面积地吞噬自己。

我们要获得正向反馈，就要想办法避免负面反馈。

我认识一个全职妈妈，每次聊天都会进行自我催眠，她总说，待了这么久，已经与社会脱节了，没办法出去工作，生活死气沉沉，丈夫是甩手掌柜，孩子闹腾心烦意乱，总之过得一塌糊涂。

我劝她，如果不想工作，就全身心带好孩子，别抱怨，把日子过得温馨点；如果真的想工作，那就打起精神来，重新开始也未尝不可。

人千万不能一边不改变还一边抱怨，过得矛盾又痛苦，这种负面的能量迟早会压垮你，让你每日都活在不如意之中。

总体来说，正向反馈之于我们的意义，无论是用于自律，还是加速成功，甚至在亲密关系中，都是有非常明确的良性效果的。

人的本能是趋利避害，得到愉悦感、舒适感、兴奋感、控制感，才有动力去继续下一步，去形成一个比较持久的自律习惯，从而完成自己的目标和渴望，借此获得人生的成就、名利、地位、荣誉，如此，你才能够看到自己的价值。

不要失去独立思考的能力

01

前不久有个读者加我微信，仅仅是为了向我推荐一本书。

她推荐的那本书，我早已看过，但她的留言实在有趣，对书的介绍概括一针见血，还给主人公起了外号，与之性格十分贴切，让我忍不住跟她探讨起来。

我们就这么一来一往地聊起来，初次相识，没有冷场，也不尴尬，竟然像熟稔的老友一样毫无沟通障碍。

她是独生女，目前在读研究生，但是她有一家淘宝店铺，店铺做得还不错，有专业的客服和经验丰富的运营人员在打理，她自己既是老板，又是店铺的模特。也就是说，她虽然还在上学，却已经拥有了自己的事业。

她上学期间一直成绩优异，毕业之后为了照顾父母，回老家考了公务员，小城市的节奏慢，压力小，与之对应的是待遇低，晋升难。

没过多久，她动了辞职创业的心思。

亲戚朋友劝她，女孩子就是要安稳过日子的，学历不需要太高，成绩不需要太好，性格也不要太强势，总之，找个条件好的男人结婚才是正经事。

父母对她的行为也很不赞同，与此同时开始催她相亲，母亲劝她：女人的一生，结婚生孩子才是最好的出路，你看周围的人都是这样生活的，你不要那么例外。

女孩说，父母一辈的思想过于传统，他们的生活动力都来源于"别人怎么样，我们也要怎么样"，他们对人生重大的选择，很少有独立的思考和处理，仅仅是以周围人做参考，就是俗称的"随大溜，不挨揍"。

然而每个人生来不同，当你过于在意他人的看法和评价，也就意味着，你的思想正在变得懒惰，你只想模仿和抄袭，直接借用他们的人生模板，从而放弃了对自我人生的探索，放弃了你原本可以与他人不同的那一部分。

女孩不愿意如此，于是她带着坚定的主见去了电商之都，从头开始。

多年之后，她过上了自己想要的生活。

我不知道，她创业的那几年是如何度过的，也许充斥着不为人知的心酸，也许因为做着自己喜欢的事情，反而并不觉得辛苦。

店铺有所成就之后，她买了套房子，把父母接了过来，又带着他们去各地旅行，用实际行动告诉父母，不要活在别人的模板之中，人应该拥有自我的世界。

突破这些阻碍之后，她毅然拿起了书本，考上了研究生，她说，其实自己最爱的事情是读书，当现实的压力和经济的匮乏，不足以支撑她继续读书的时候，她就先把压力解决了，然后，她就有能力过自己想过的生活。

所谓经济基础决定上层建筑，大抵就是如此吧。

02

所以，当你一边迷茫一边不停地刷手机的时候，当你不愿意结婚却又听从父母的安排不断地相亲的时候，当你渴望拥有自己的作品，却仍然把时间耗费在喝酒应酬上的时候，你有过短暂的不安，但很快这种感觉就消失了。

你越来越习惯套用别人的模式，你会觉得，大家都在刷手机，都在关注明星娱乐八卦，如果我不看，我跟他们聊什么？

你还会觉得，别人都是要结婚的，如果我不结，就成了剩女，或者光棍，多丢人啊，所以不管对象是谁，先结婚堵住别人的嘴再说。

你更会觉得，父母都说了考公务员稳定，他们走过的桥比我走过的路还多，还是听他们的吧。

你在逐渐丧失自己的思考能力，最终所有的结果，都不过是咎由自取。

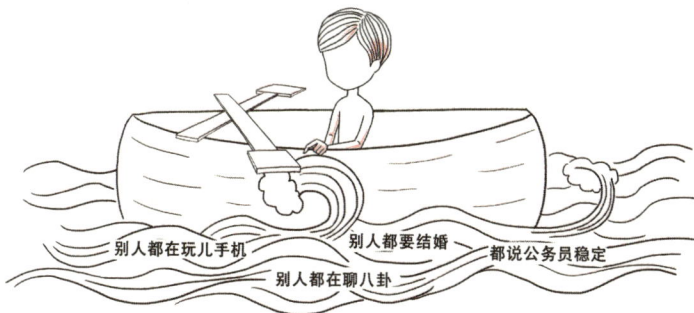

一个能够独立思考的人，在面对人生的选择时，最先问的，一定是自己想不想要，自己能不能做到，自己内心的真实渴求是什么。也就是说，你的人生混乱可能源于你没有主见，因而被别人的影响牵着鼻子走。

人是很容易沉溺在思想的舒适区里。

你的懒惰让你对接收到的信息不求甚解，也不深入思考，你觉得别人都是这么过的，也没谁说不行，那自己也这样过吧，然后思想越来越懒惰，越来越不能形成自我思考。久而久之，你就失去了这项能力。

这让我想起朋友说起过的一件事儿，她的同事有一阵情绪特别不稳定，暴躁，易怒，每次辅导作业都要大骂孩子，即使一道小小的错题，她都问孩子为什么这么笨，孩子每日战战兢兢，丈夫也不敢接话，因为她会连带着丈夫一起骂。

这位同事认定是辅导作业引发的焦虑，因为她每次跟其他家长聊天，大家都是这样陪写作业的，同事也说，就是老公孩子的问题，每天看着都很烦，她于是觉得自己发火发得很有理。

尤其是每次刷到关于宝儿妈辅导作业绝望的视频，她就觉得心有戚戚焉。

直到单位体检，拿到报告时医生提醒她，最好去做一下甲状腺方面的深入检查，她那天正好没事，心想：去做一个吧，也没多少钱。

检查完之后，医生问她是否常常发火，又告知她需要做甲状腺的切除手术，她当时就蒙了。

后来手术还是做了，但是由于做了手术，她的甲状腺已经不具备某些功能，因此她余生都需要靠吃药去维持。

不能独立思考的人，连常识都可能错过，别人说什么就是什么，到最后，耽误的可是自己。

03

在知乎上看到一个这样的问题：为什么有的人年纪轻轻却思想深度远高于常人？

有个人是这样说的：因为年龄并不影响一个人的思想深度，但凡有着深厚思想的，多是些心思细腻的人，善于反省自己所看到的，所经历的，他们不一定是沉默寡言、脱离人群的人，但一定喜欢独立思考，有着超于常人的好奇心，且在这件事上不会拖延，想知道的就第一时间去试着寻找答案。

深以为然。

人与人之间的不同，多数时候就是对事物思考能力的不同。

同一件事，有的人看表面，有的人看本质，有的人像墙头草人云亦云，有的人有独到的见解，从不跟风。

在网络信息五花八门的今天，判断一件事好与坏、有用与无用、有无害处……考验的是你思维的广度和深度，你有了更高层次的认知，你的思考能力才能称为有效的、可以解决问题的。

人与人之间
的不同，多数时
候是对事物思考
能力的不同。

那如何提升自己的思考能力呢？

首先，你要有正确的消息渠道来源。

互联网上网站实在繁多，这就意味着很多人分辨不清事情的
真伪。这就要求你多分辨。

比如，你想要一个品牌的电子产品，那就去品牌的官网、旗
舰店，或者选择电商平台的自营，这些渠道基本是可以保障产品
的品质和售后的。不要随便搜一个小店铺就下单了。

当你看新闻的时候，要多分辨你看的是否是正规大网站。很
多小网站为了博人眼球，经常发布一些标题看着惊悚刺激，点进
去一看却不知所云的东西，这样的信息毫无用处，还可能是假的，
混淆了你的视线。

其次，你要拓展自己的眼界。

一个人思考能力的强弱，在于他的脑海中是否具备更多的知识储备，这些储备能否帮助他辨别真假。

因为不懂，才显得愚昧，因为见多识广，才能够对所见所闻进行加工、处理和分辨。

大医院的专家一号难求，因为专家能够接触到更多的疑难杂症、最新的科研成果、最好的医疗资源……见多识广，相对应的治疗方案才能跟上。

然后，避免陷入极端思维。

很多人过于固执，常常陷入极端思维，认定世界非黑即白，不肯更改。

其实世界上的任何事情，都有利有弊、有圆有缺，在我们看到的地方有独立的一面，在我们看不到的地方还有很多棱角，不能以简单的对错来区分。

人是要不断前行的，想要走得更好，靠的不只是双腿，思想也要跟得上。

要学会多接触新事物，这样，当某个行业更迭，当时局发生动荡，你才能够根据自己对新事物的了解和思考，迅速调整人生定位。

这就是为什么有的人能够抓住风口，享受某个行业的红利期，有的人，终其一生都怀才不遇。

最后，建议你学一点哲学。

我们所有纠结的论点，我们那些想不开的事情，甚至我们所经历的磨难与焦灼，早在很久以前就有哲学家们提出了疑问并给了回答。

比如，你渴望自由，却又无法自由。

卢梭说过："人是生而自由的，但却无往而不在枷锁之中。自以为是其他一切的主人，反而比其他一切更像奴隶。"

黑格尔说："无知者是最不自由的，因为他要面对的是一个完全黑暗的世界。"

就连我们广为流传的"知识就是力量"，最早也是培根提出来的。

学点哲学，有助于思维的开阔。

独立的思考能力，其实也是一种自省，它所反映的，恰恰就是我们此时此刻的认知水平。

在这个过程中，我们的思维和事实发生碰撞，我们懂得那部分形成了认知，我们不懂的那部分形成了错误的认知，而独立思考，就是为了把那部分错误的也变成正确的、合理的、有解决能力的，然后为你所用。

令人上瘾的自律方式：用清单掌控生活

01

我听到很多人说过：睡前计划了第二天要做的很多事，醒来之后却觉得没必要，于是仍旧得过且过，浑浑噩噩地过完这重复的一天；出门总是丢三落四，提醒自己谨慎些，下次仍旧犯错……

这就是大多数人的思维：渴望保持生活的自律，却又无法做到自律。原因就在于"自律"这个概念过于宏观，仅仅高喊这个概念，很难确定该从哪里入手。

那么，如何将概念转换成可执行层面的方法呢？学会列清单，轻松就能实现。

每次放假之前，我跟朋友都会商量，为孩子列好假期清单，把假期里每天必做的和选做的学习任务，一项一项列出，然后详细地安排每一项任务在哪个时间段完成。

将整个假期的学习任务具化并分解，以时间来划分每日作业目标，在假期到来时，我为孩子构建了一个有序的、清晰的、完善的学习计划。

假期一开始，每天就严格执行，我们会彼此打卡监督完成情况。

因为孩子除了学校作业，还有兴趣班作业，还需要查缺补漏、专项加强、复习预习等，多而零散，不记录下来，就很容易忘记哪项完成，哪项没有完成，哪个知识点学得扎实，哪个知识点薄弱。何况，我们大人还有自己的工作和事情，一着急就容易混乱。

有了学习清单，每天的任务显得格外简单，完成一项打个对钩，完成所有，孩子就可以去做自己喜欢的事情了，每天一点一滴地完成作业，并进行了知识积累，孩子不至于临近开学才慌忙补作业，不会在假期里由于玩疯了而放松学习，作为家长，我们也不必冒着心梗的危险声嘶力竭地催促。

不只对孩子如此，我自己的时间也被我用清单的形式，按照轻重缓急进行了规划。

用清单做规划，实际上，你是对自己的时间做了全面的管控，用理性的记录方式，对抗感性的思维模式，从而防止因忙碌导致的混乱和错误，提高效率，形成自律。

02

阿图·葛文德在《清单革命》中提到一个概念，人的错误可以分为"无知之错"和"无能之错"，无知是因为没掌握正确的知识而犯错，无能则是掌握了正确知识，却没有正确运用知识。现代人常常犯的错误多是后者。

造成"无能之错"的原因，一方面是由于大脑的缺陷，并不能把所有的事情都记住；另一方面是由于人的经验和记忆具有不稳定性，容易麻痹大意。

而无能之错是可以避免的，最好的解决方案就是制作清单。

作者通过举例论证，使用清单，就是为大脑搭建起一张"认知防护网"，一张手术清单，让原本经常发生的手术感染比例从11%下降到0；一张建筑清单，让每年建筑事故的发生率不到0.00002%……

可以看到，清单通过记录，在纠错方面发生了极大的作用，以书面的方式体现出任务的每一个操作步骤，让每一个岗位的人员都各司其职地完成自己应做的部分，即便是极其复杂的事件，也能够通过一目了然的清单变得清晰而有逻辑。

建立清单容易，但建立行之有效的清单，还需要注意三个因素。

制定清单

简单来说，制定清单，就是把你要做事情的关键要素记录下来，然后按照清单行动，在规定的时间内完成，从而形成一个清晰的阶段性目标。

一个朋友习惯在日历上记录每日行程，她每年都会购头叫记录事件的台历，孩子的学习安排，她当天必须要办的事情，都用大标题记录下来。

我习惯使用便携的小型笔记本单独记录，每当家里有客人来，我总是列一份菜谱清单，按照热菜凉菜进行区分，按照家里已有的菜和必须购买的食材执行，完成一项，划掉一项，事实证明，效率非常高。

但不管哪种方式，注意，记录一定要简洁高效。

简洁，就是设置关键要素，不要事无巨细地全部列出来，尽量避免冗长复杂造成大脑混乱。

生活中，我们可以设置各种各样的清单：工作清单、梦想清单、情绪清单、购物清单……具体到生活的各个领域，让重复的事情流程化，让复杂的事物简单化。

高效，就是不要过于在意形式，习惯用本子就买本子，习惯用台历就买台历，习惯用手机软件，那就敲字记录，将清单记录作为结果，而不是非要制作一个完美的过程，造成停滞不前。

其实现在有很多APP，可以帮我们进行清单记录，比如有的可以帮助女生记录生理期，有的可以帮助记录开支情况……

我认为这些都是对清单思维的运用，当我们无法进行手动记录的时候，APP的记录也是一种列清单行为，只是方式不同而已。

最开始，你可能仅仅列出了关键词，比如：早晨7点，吃饭；8点，工作……随着清单使用的熟练，你会适当地加入自己的思考，从机械记录，到思考之后的有序记录，甚至是完美记录，是一个锻炼逻辑的过程。

制作清单之所以能够形成自律习惯，就是因为它让我们明确目标，避免忘记，避免遗漏，确保任务所有环节顺利完成，它有着强大的条理性。

严格执行

想要让清单产生积极的效果，仅仅制作出来还不够，还需要严格地执行，制作仅仅是规划，执行才能创造结果。

当你想要瘦下来，列了一份"减肥清单计划"，规定每天几点钟开始运动，几点钟不再进食……

清单列得很清晰，但你有时跟朋友聚会喝酒，清单没有执行；

有时懒得下楼运动，清单又没有执行，在这样的情况下，减肥就成了喊口号，非常难以出效果。

其实清单的制定，为我们提供了一份清晰的操作流程和标准，由于目标清晰、操作简单，极大减轻了行为的拖延和懒惰，因此，行动起来的困难力度其实是很小的。

执行的策略也很简单，根据清单需要，将80%不重要、不紧急的工作去掉，保证一次只处理清单上的一件事。

我们对清单的执行过程，恰恰就是对自己不自律行为习惯的挑战，完不成，你就重新陷入了不良习惯的恶性循环中；完成了，你就实现了自我成长。

制定清单和严格执行之后，清单的使用还没有结束，我们还需要随时检查和修正，使之完善。

完善清单

将制定好的清单放在触手可及的地方，以便随时进行调整和修正。

我们最初设定的清单并不完美，甚至一定程度上存在诸多问题，随着付诸实践，我们可能会在其中发现问题，就可以灵活地根据最近一周或一个月的反馈情况进行修改。

要想使清单更加完善，就要加入更多的思考，可以在睡前对当天的事件进行回顾，以此检查清单的内容是否已经准确执行，执行过程中是否遇到瓶颈，有没有想到更好的解决办法。

举个最简单的例子，通过一段时间的清单使用，你突然发现早起的时间不合理，怎么办？当然是重新设置闹钟提醒，更改时间安排。

再如，最初的清单计划是每天跑步10千米，但是身体长久不锻炼，不允许即刻完成超额的运动量，怎么办？调整为每天跑步5千米，保证清单任务要在时间精力允许的情况下进行。

清单的完善，也是我们思维和行为进化的过程，帮助我们形成相对完美的经验，促进当下清单任务的完成，也为下一次类似任务提供了重要参考。

03

很多精英和名人都是清单控。

杂志《生活手帖》总编辑松浦弥太郎，被誉为"日本懂生活的男人"，他非常善于"自我改造"，他习惯随时记录灵感，将要做的事情逐一列成清单，以便思考优先顺位和提高效率，调整出令自己自在的节奏。

尽管身兼数职，事务繁杂，松浦却坚持每天早上五点起床，跑步，七点进公司，晚上五点半结束工作，七点和家人一起用餐，十点睡觉，每个月只安排一到两次见朋友的时间。

这种高度的自律和克制，让他更期待和享受每一次身处其中的过程。

他认为，列清单能宣泄压力，了解自己的价值观，能让自己学习观察、洞悉事物的本质，让思考活络，还能培养策划能力。

金融巨头巴菲特也说过，自己之所以比其他人投资更成功，不仅因为他有正确的决策，更重要的是他能够避免犯一些愚蠢的错误。

清单思维，之所以是一种有效地实现自律和成功的方法，就是因为它通过对时间和事件的有效规划，能够避免一些愚蠢的错误，让混乱的生活向健康有序转变。

清单让人在混乱的事件中厘清思维，在迷茫的情绪中建立目标，让生活更具条理性，让行动更加高效，让任务目标更容易实现。

使用清单的过程是令人惊喜的，因为整个过程，简单明了，易于执行，不会感到备受折磨，也不会感到难以继续。

清单的助力，让我们更能把控自己的时间与生活，帮助我们实现思维进化和心智成长。在任何时候，借助工具、善用方法、转换思维，都将促进我们的自律习惯，帮助我们去完成更好的人生。

人与人之间的根本差距，往往来自执行力

每个人年轻的时候，都会有天马行空的想法，新奇的、刺激的、创意的……凭借着这些与众不同的想法，很多人认定自己是优秀的。

这没什么不好的，人需要自信，但是为什么毕业四五年之后，这些自信的人很快泯然于众人呢？

其实大多数人，原本是处于同一条赛道的，后来大家毕业离开金字塔，几年之后，差距显现出来。

这种差距，并非突然产生的，因为我们都曾是意气风发的少年，都有兴趣爱好和梦想憧憬，拉开差距的原因，就在于，成长关键期的这几年，你是否有效地执行了你的想法。

以我们大多数人的勤奋程度，无须拼天赋和智力，很多事情，只要你做就能看到结果。

但我们大多数人，总是空想，想如何实现自律，想如何成就事业，想来想去，看似方法良多，不过都是纸上谈兵，"以战术上的勤奋，掩盖战略上的懒惰"。

俞敏洪在"相信成长的力量"主题分享中提道："人生如果没有行动的话，那么一切梦想都是白日梦。"

执行力的缺失，让很多人成了拖延症患者，难以实现自我成就，人生就充斥在不成功的平庸之中。

而那些优秀和成功的人，恰恰相反，高效的执行力已经成为他们的本能和习惯，形成完美的循环。

那么，如何提升自我的执行力，才能改写一事无成的结局？

记录想法，即刻行动

本·伊利亚在《高效赋能》中提出，要善于捕获想法，有好的想法和点子要立刻记录下来，不然非常容易忘记。

因为想法是会随时出现的。

开会时，你可能由于会议的氛围，突然萌生了关于工作的另一种创意，但这时，你可能突然想起下班要去趟超市，然后就开启了关于超市采购的一系列想法，注意力被分散，最初想起的关于工作的创意，已经被遗忘。

我们的大脑不是一个非常可靠的记忆容器，正如我们常说的"好记性不如烂笔头"，我们需要在想法产生的那一刻，将它从大脑中移到可以保存的地方，也就是记录下来。

当然，记录的方式有多种，可以用笔记录在笔记本上，也可以采用APP记录，甚至可以画出思维导图，重要的是，保持记录，便于查找。

当你记录下想法的那一刻，不管你的想法是什么，要立刻行动起来。

注意，这个时候，千万不要拖延，不要有任何"准备好了再行动"的念头，因为你可能一直准备不好，在天然惰性的驱使下，人总能找到无数借口，"没有准备好"就是借口之一。

执行力缺失，常常是因为无从下手，我们总说万事开头难，难就难在不知道怎么开头儿。

这就需要我们改善一下思维模式，告诉自己，不管结果如何，因为第一次行动大概率不会带来完美的效果，所有最终的回报，都是在一次次行动中，不断打磨、不断完善、不断执行带来的。

不要害怕失败，害怕的过程本身就是一种内耗，让人沉浸在"假想的结局"中，因而延迟了行动能力。对于害怕，最好的方式就是直面它，"Just do it"是解决害怕最好的方式。

只有行动，你才能够知道自己想法中的不足，趁此完善它，你才能体会到想法变现所带来的成就感。

营造可执行的环境

我们做一件事情的时候，常常遇到各种各样的阻力。

比如，你要去健身房，但是你的健身服不知道扔到哪儿去了，你翻箱倒柜，终于找到了，你犹豫再三，决定还是把翻箱倒柜扒出来的衣服放回衣柜里，等全部收拾完，你还想去健身吗？恐怕你已经一身汗了。

再如，你有工作任务需要第二天早起，本来你挺高兴的，因为不用找理由就可以立即执行了，但是你闹铃定错了，衣服还没干，洗面奶也没有了，一早晨你忙得鸡飞狗跳，这时你还有心情和精力去处理你的工作任务吗？恐怕你一早晨都无精打采。

通过具体事件的分析，我们可以看到，不能执行的另一个原因是，没有营造好可执行的环境。

如果你平时就非常自律，衣物归置整齐，都摆在固定的位置，把第二天要穿的衣服、要用的物品，提前准备好，放在触手可及的地方，那么你大概率不会遇到以上几种情况，你轻易就可以拎起健身包去健身房，你会有条理地完成早起的收拾，然后信心满满地去公司完成任务。

我们需要提前准备和养成有条不紊的习惯，目的就是减少事件执行的阻力。

为什么在公司加班比在家加班更有效率？因为在家加班，穿着睡衣吃着零食开着电视，不仅分散了你的注意力，还让你工作的环境变得过于随意。

而在公司，你处于一个工作的氛围中，可能其他同事也在加班，可能你希望快速忙完，早点回家，你不需要换衣服、找拖鞋、吃零食来浪费你的时间和精力，你的大部分注意力都在工作上。

在育儿方面，一直有一个关于"最好的教育不是学区房，而是你家的书房"的论点，就是强调一个家庭所营造的学习环境，对孩子产生至关重要的影响。

所以，当你想要读书时，就不要去做摆水果拼盘、拿零食饮料等浪费时间的事情，最应该做的就是拿过书来直接读。把健身服洗好放在健身包里，当你想锻炼的时候，拎起包直接出门。

减少执行的阻力，让执行变得简单容易。

适时调整精神状态

在微博看到一条比较有趣的热搜：学习很困时，如何快速清醒提神？答曰：把咖啡打翻在电脑上比喝咖啡更提神。

我们的大脑天生爱偷懒，喜欢躲在舒适区里，因此需要强大的刺激，才能赶走困倦和惰性，很多人喝咖啡也不管用，就是因为精神层面缺少强大的刺激，没有动力和情绪，无法促进执行。

但是打翻咖啡就不一样了，电脑主板烧了怎么办？杯子掉在地上碎了怎么办，你受到刺激，忙乱地收拾残局，立刻就变得有精神了。

因此，当执行力跟不上的时候，其实就是精神状态处于疲惫、消极、困倦等负面的状态下，难以提升注意力去行动。

其实，任何行为习惯都跟精神状态有关系。

大多数执行力强的人，都有着喜欢改变、勤奋、积极等特质。

勤快的人执行力是非常强的。

这一点我特别佩服我的先生。吃完饭，我会先休息一会儿再去收拾碗筷，而他绝不会等，吃完即刻收拾餐桌；无论客户什么时间有需求，他随时都可以进入工作状态，不像我要求心理舒适、环境适合、时间适应……才能找到灵感。

很多时候，我告知他一件事情，只要时间允许，他一定第一时间帮我完成。

而善于改变的人，正是借着不断折腾，促进了自我完善，折腾越多，选择越多。

发现了吗，这些正面的精神状态，代表着一个人对生活的热情，对生活的积极，他是愿意让生活更好的。

一个人希望自己变得优秀，希望生活和人生都能有所突破，那么，他一定不会逃避各种挫折和挑战，他会用积极挑战心态，主动解决困难。

反观那些负面能力爆棚的人，更容易陷入消极的情绪中，拖延、懈怠、半途而废，跌个跟头，就很难爬起来了。

人的一生，会面临各种各样的难题，你以什么样的方式去对待，就会得到相应的回报，只有积极应对，才能促进好事发生。

我们人生的很多遗憾，都是因为"原本可以"导致的。

你本可以挑灯夜战、加强复习，考进渴望已久的学府，然而想到却没能做到。

你本可以将创意方案落地，将活动做得至臻至善，然而你马马虎虎做完就交差了。

你本可以加强运动锻炼，减肥的同时又保持身心健康，然而你常常把时间用来喝酒、聊八卦。

你有很多好的创意和想法，有更高的梦想和追求，你本可以变成更好的人，却因为没有行动，错失良机。

你看，当我们直面人生，解析因果的时候，我们都是懂得如何去做的，我们缺乏的是执行力这个解决之道。

当你能够直面自己的问题，探索自己的需求，明确自己的目标时，毫不犹豫地执行，你才能得到收获，无论这种收获是好的还是不好的，它都将促进你进步。

不要多年以后，蓦然回首，发现那些曾站在同一起跑线上的同行者们，都跨越到你无法企及的高度，甚至那些曾经不如你的人，都已经与你并肩而战，他们都在向上，只有你在原地踏步，那一刻，你一定是后悔的、遗憾的、无奈而妥协的。

不要让自己陷入那样无助的时刻，去行动，去改变，去完成你内心的渴望，你要学会掌控更好的生活和人生。

如何保持长期、持续的自律？这4种手段最有效

年底，跟朋友见面聊事情，他带着一脸挫败问我，自律到底怎么样才能达到自由？为什么他都自律两个月了，每周坚持锻炼，每天努力工作，还不能实现八块腹肌、开上玛莎拉蒂的生活，我开玩笑说，他这不叫自律，叫做梦。

这个朋友家庭条件不错，生活和经济方面都没什么压力，性格也比较自信，可能由于没受过什么挫折，因此沟通起来颇有点"何不食肉糜"的错觉。

这也是他问出这样问题的缘故，他会觉得：我都努力两个月了，为什么还得不到回报。

他在舒适区待太久，以为自己只要一发力，瞬间可以完成突破与超越，能事半功倍，能迅速跻身成功人士的生活。

其实我们很多人都有这样错误的认知，以为自己随便克服一下不良习惯、稍微努力一下，就能达到立竿见影的效果。

自律当然能够改善我们的形象和状态，但要维持效果，一次两次的自律绝对是不够的。

人不可能一劳永逸，一次减肥成功，以后就永不再胖了吗？不，如果暴饮暴食、胡吃海塞、缺乏运动，是有很大概率反弹的；

一次考试进入前三名，他们能一直维持在这样的水平上吗？当然不能，只有不断地加强学习能力、拓宽知识面，才能够保持成绩的稳定。

我们需要通过长期的、持续的、稳定的自律行为，循序渐进，获得一次又一次有效的反馈。

那些真正厉害的人物，大多都保持着持续的改变和成长，他们不是一次成功之后就站在了金字塔顶端，而是在一次又一次的挑战中完成了向上攀登，又在一次次的自律行为中，维持着自己的地位和权力，不让自己跌落而下。

所以不要幻想，不要力求速达，不要眼高手低，而要真正找到方法，让自己的生活、工作和情感，始终保持在可控的范围内。

找到内心的渴望，并不断升级它

其实找到渴望很简单，我们每个人对自己想要的生活和不想要的生活，大致还是明白的，但是，这里面涉及两种情况。

一种情况是，内心的渴求没有实现，挫败感迎面而来，将极大地改变一个人的心态。

就好比你进入一个新的工作单位，老板承诺只要做得好，一年之后，将提升你为主管，升职加薪，一年即可实现，然而当你兢兢业业任劳任怨地超额完成年度任务时，突然空降了一个人，直接成为主管，你内心的建设恐怕会轰然崩塌，从最初的自律、努力、坚持变得怀疑、否定和消极。

另外一种情况是，你内心的渴求实现了，你通过一年的努力成功当上了主管，在这个位置一段时间之后，你突然不知道下一个目标是什么了，也不可能再升职，因为再往上就是老板，你会觉得奋斗失去了意义，很容易就进入瓶颈期。

这两种情况，不论哪一种，都极有可能消灭你内心的渴望。

因此，我们在找到自己内心真正的渴求时，要不断升级它，让它在每个阶段发挥不同的作用，让它具备持续的效力，甚至我们要随时找到另外的渴求，一旦原定的欲望无法得到升级，我们可以随时换掉它，去追求新的东西。

这些渴求，可能是年少时的梦想，可能是工作上的任务，可能是一个小小的生活目标……正是这些渴求，帮我们完成内心的重建，让我们拥有不间断的实现自律的动力。

电影《银河补习班》中邓超饰演的男主人公对儿子说："人生就像射箭，梦想就像箭靶子，如果没有箭靶子，你每天的拉弓就毫无意义。"

想要保持长期、持续、稳定的自律，先找到自己的箭靶子，确定什么才是你内心真正而又持续渴望的东西。

了解遗忘曲线，温故而知新

遗忘曲线由德国心理学家艾宾浩斯研究发现，描述了人类大脑对新事物遗忘的规律。他认为人们在学习中的遗忘是有规律的，遗忘在学习之后立即开始，而且遗忘的进程并不均匀，最初遗忘速度很快，以后逐渐缓慢。

随着时间的推移，遗忘的程度大致是：20分钟后会遗忘42%，1小时后遗忘56%，8小时后遗忘64%，1天后遗忘66%，2天后遗忘72%，6天后遗忘75%，31天后遗忘79%。要想减少遗忘，就要在"特定"的时间内重复温习。

有人做过一个实验，两组学生学习一段课文。甲组在学习后不复习，一天后记忆率保持36%，一周后只剩13%。乙组按照艾宾浩斯记忆规律复习，一天后保持记忆率98%，一周后保持86%。

实验结果表明，乙组的记忆率明显高于甲组。

艾宾浩斯遗忘曲线充分证实了一个道理，人们可以从遗忘曲线中掌握遗忘规律并加以利用，从而提升自我记忆能力。

实际上，我们之所以能养成很多习惯，就在于我们正确地运用了遗忘曲线，我们在记忆遗忘速度最快的最初阶段，就进行了大量的复习和重复，直至后来记忆遗忘的缓慢阶段，渐渐地形成了规律，几乎不再遗忘了。

这种方法同样适用于保持性的自律习惯中，遗忘曲线根据周期进行记忆，自律行为同样根据周期形成习惯。

要想长久保持自律，同样需要在特定的时间进行重复，假设你希望做到不熬夜，你只有一天尝试晚上十点入睡是不够的，你需要每晚都在十点入睡，形成一个固定的周期，让生物钟保持在稳定的状态。

心理学上有个巨轮效应：一个特别沉重的大轮子，刚开始推时非常费力，并且缓慢，但是，这个轮子一旦推动起来，就会自己转起来，此时，只需要轻轻用力就可以。

也就是说，我们的行为一旦养成习惯，后期的维持相对来说是轻松的，关键在于找到对的方法维持。

抓住情绪的强烈爆发，完成认知改善

每个人的一生中，都避免不了喜怒哀乐，再平淡的人生，也有跌宕起伏，而每次大事件的发生，其实是最好的成长时期，这其实就是内心重建、重塑渴求的时刻。

可能是一次重大的生活变故，一次痛彻心扉的失去，一次大爱无声的感动……

甚至，可能是读了本书，就有了"打通了任督二脉"的顿悟，了解到一种思维模式，就爱上了某个学科……

这些或大或小的认知和情绪，某种程度上促进我们更改现状。

然而，最难的不是爆发，人人都有爆发的时刻，但是爆发的时刻太短暂了，不深入思考的话，那仅仅就是一场平凡的情绪爆发，毫无益处。而我们要想办法抓住这次爆发，做出改变的冲动。

我在前几年的一篇文章中提到过，我的一个同学，高中时期奋发图强考取医学院，就是因为他的父亲病故，他在极大的悲痛中选定了未来的方向，从医救人。

这种时刻，那些心里模糊的概念，反而容易变得清晰起来，然后坚定，开启一条新的道路。

其实能够抓住情绪爆发的人，多是情绪高度敏感的人，心理治疗师伊尔丝·桑德，认为高敏感是种天赋，可以借此管理情绪、治愈情绪、拥抱幸福。

所以，当你处于这种时刻，不妨抽出时间深入思考一下，你爆发的瞬间，到底想要什么，你究竟做了什么，后果是什么，下次是否还会重复这次的行为。

这就是实现自我改变和成长的源头，也是渴望实现自律的最初意识。

多读书，从多维度了解这个世界

在知乎看到过一个问答，你有没有一些不能说出口的秘密，很多人在这一条问答下，倾诉自己童年的阴影、被伤害、被侮辱的事情，那些痛彻心扉现实中无法说出口的话，此刻如开闸倾泻，有了排解的出口。

有个人是这样回答的，他说当现实中伤痛太深，觉得无法挺过去的时候，他就来到这道问题的下面，重新翻看其他人的回答，想到有这么多悲伤的人都在承受着、煎熬着，但是仍旧努力活着，他就觉得有了希望。

这就是为什么，我们应该多了解外面的世界，多看看他人的生活，了解众生皆苦，但众人在奋勇向前，才不至于故步自封在消极的情绪、状态里。

很多时候，我是通过书里的认知改变自我心态的，读得越多，越会发现，现实中的很多事，很多人，书中早已提到过。

若你读过《那不勒斯四部曲》，你会了解到女性的成长和友谊、女性的诉求与价值，你会发现现实中的女子所遭遇的成长困境，书里早已阐述透彻。

若你读过《乌合之众》，你会对个人和群体之间的迎合与对立，有一种全新的认知，你会了解人们为何有时极端而盲从，人一旦进入群体，为了获得认同感，会迸发出怎样的低智行为。

若你读过《好妈妈胜过好老师》，你在教育孩子的时候，教育方式可能会更温和、更有耐心，面对孩子消极的负面情绪，你会有更多方法引导，面对孩子哭闹，你知道应理解安抚，而不是用哭声免疫法这样残酷的手段，你会明白，家庭教育的核心是爱。

若你看过我的其他书，那就更好了，你会更理解我写这本书的意义，因为自律帮助我成为更好的自己，让我获得更多的自由，我希望我们都能够从中有所收获。

好的书，促使我们眼界提升、心理强大、胸怀豁达，因为增长更多见识和方式，从而形成积极生活的能力，这也是我们形成自律的根本原因之一。当你了解到世界的多元，你才会产生改变的心理。

人的大脑很懒，身体可能更懒，如果没有外在原因诱发你改变，人人可能都只愿待在舒适区里，但是有的人通过书中知识，明确了自己应如何选择专业，有的人通过书中故事，知道了如何处理人际关系……这些，都为我们的自律提供了改变的动力。

我们保持持续的自律，就是为了获得长期正能量的反馈，让自己更加完美、成功和自由，众生皆苦，但你拥有了方法，可以让自己的甜多一些。

形成自律的习惯，一生受益

"从一而终"是牛人的最大捷径

01

有两个关于专注做事的真实故事，特别打动我。

一个是85后女孩，因为爱好手工，成为一名纤维手工作者。

她毕业后没有选择上班，而开始了漫长的羊毛毡手工之路，她把热爱倾注到这些手工玩偶里，用针戳出一个个栩栩如生的小动物——猴子、大象、小鹿……她的巧手赋予了这些小动物新的灵魂。

新闻报道说，她为这项事业坚持了十一年，而最初的前三年，没有任何收入。但是如今，她在国外举办了个展览，有人提前两天排队购买她的手工作品，一度掀起抢购热潮。

另外一个是年轻男孩，能在纤细的铅笔芯上雕刻出各种造型。

他独创一百多件作品，作品包括卡通、动漫、人物、动物、文字、乐器等，并因为一支铅笔芯上雕出三只大象而上了热搜。

在他手中，铅笔芯经过削、雕等过程，成为一件件艺术品，方寸之间，毫厘不差，这样的绝活儿，肯定经过了反复的练习和长久的积累。

这两个故事的主人公都很年轻，却凭借着热爱与数年如一日的坚持，在各自的领域走出一条康庄大道，完成了自我逆袭。

他们迷茫过吗？想过放弃吗？我不知道，我猜测是有的，但最终他们选择了坚持，选择了专注于当下。

一个人，如果花大量的时间和精力，坚定决心深耕一个领域，用多年时间去做一件至臻的事情，会达到怎样的效果？这两位年轻人给了我们最好的答案。

02

你以为牛人是随随便便成功的吗？不是，大部分人的成功都不是依靠天赋，而是在某个领域深耕多年，然后打磨出自己真正的作品。

认识一个写小说的作者，在一个小说网站连载悬疑爱情文，已经坚持了四年，其间积累了不少粉丝，出版了好几本书，用赚到的稿费和版税买了一套房子。

出了这么多书，赚了那么多钱，看上去似乎毫不费力，但我知道私下里她非常努力。

她从小就喜欢看悬疑类的电视剧，推理破案的书也看了不少，乃至上了大学，义无反顾地选择了心理学专业，也是从那个时候起，她开始连载小说，把心理方面的知识与悬疑和爱情相结合，在万千种类言情小说中找到一条适合自己的路。

这条路一走就是四年，这期间，她几乎从不断更，只要有时间就对着电脑构思小说情节，为了以防生病或突发情况耽误发文，一到周末她就多写几篇，粉丝都说，看她的小说可以放心入坑，因为她总会把坑填完，不敷衍，不烂尾。

　　我看过她前些年写的初稿，文笔带着青涩和幼稚，她对我也从不避讳，说自己是个业余写手，但是四年过去，再读她现在写出的故事情节，流畅、自然、真诚……代入感实在太强，读着读着就好像我已经成了女主。

　　有一回，我俩微信闲聊，我问她，当初写得不好的时候，想没想过找个别的工作，想没想过放弃写作。

　　她很快回复道，挫败感是有的，想放弃的念头也是有的，但是她不甘心，这是她迄今为止唯一一件坚持了数年未曾更改的事情，也是她从小心心念念想要实现的梦想，怎么能轻易放弃呢?

想尽办法让这条路开花结果

无非就是一条道走到黑

没有人生来优秀

既然选择了这条路，想要创作出完美的作品，就努力不停止地输入和不间断地输出，努力不间断地写，如果她写作的天赋不够，那就靠后天的勤奋来弥补吧。

没有人生来优秀，无非就是一条道走到黑，想尽办法让这条路开花结果。

正是她对写小说从一而终的坚持，为她的成功铺了路。

03

如果所在行业确实步入夕阳红，前景不被看好，或者自己在这个圈子里真的混不下去了，再或者自己的专业与岗位截然相反，无法应付，换行业无可厚非，属于及时止损，应该重新寻找另外的出路。

但如果一份工作适合你，也能够为你带来良好的职业发展前景，仅仅是因为你自己的性格使然，造成了自己职业生涯的堕落，你就该想想，你该做的也许不是换行业，而是改变自己。

前不久跟朋友吃饭，说起一个共同认识的人，三十多岁换了行业，如今不上不下，很是煎熬。

这个认识的人，在原来的行业，最初那几年是风生水起的，只是由于他并不珍惜当时工作的机会，只在意谁家底薪和提成给得高，三天两头换公司，丢了一个又一个客户，业绩越来越不如从前。

几次三番之后，他自己也觉得没意思，于是辗转换了两三个行业，人脉、客户、资源都需要重新梳理，等于从头开始。

由于年龄到了，他的经验和尊严却受到了前所未有的挑战，他无法像二十来岁的实习生那样弯下腰向前辈讨教，也没有年轻人那种新潮的思维，他连网络上的搞笑梗都接不上茬儿。

他觉得，属于自己的时代正在过去。

如果在五年前，我会劝他，我知道以他的能力是可以有所作为的，头脑灵活会来事，学习能力强，心胸也豁达，但是五年之后的他，驼着背，抱怨生不逢时，我说不出任何一句话。

经济学家薛兆丰在《奇葩说》里说过这样一段话："每一个人，每一个时候，都是在为自己的简历打工。不管公司能够维持多久，陪着我们的这份简历会一直陪着我们。"

无论你跳槽去竞争对手的公司，还是换了行业准备大干一场，这些经历，都会写进你的履历，形成你的人生轨迹。

现实中，太多人踟蹰不前，三天两头换行业，觉得传统行业没前途，转战互联网，又发现短视频处于上升期，于是跳槽去了新媒体。今天看到人家做设计，一个单子挣了两千块钱，就想学设计，明天看人家做销售来钱快，就转行做销售……

长此以往不定性，你的年龄虽然在增长，但你的能力永远在从头开始。

在新媒体做了两个月不叫运营，叫临时工，在诊所做了三个月不叫医生，叫实习生，如果你总是处于选择之中，而没有在一个领域中练就一技之长，你将大大丧失竞争力。

04

有研究显示，世界 500 强企业的平均寿命是 25 年，也就是说，可能还没等到你放弃它，公司就先因为各种因素而倒闭，放弃了你。

但是，你在这个企业的多年间，是混吃等死以为拥有了铁饭碗，还是通过在这一领域的深耕，练就了有效的沟通能力、表达能力、专业能力、自我管理能力、有效的人脉资源……这决定着你下一份职业的起点。

人到中年，都有危机，关键看你有没有能力应付危机。

三天两头地换跑道，永远在起跑点上，什么时候才能跑到终点呢?

如果说成功有什么捷径，那一定是在某个领域从一而终。

找到合适的那条路，用至少五年的时间，不断地钻研、投入、坚持，在这样的境遇里打磨自己，自我激励挖掘出无穷的潜力，深耕专业，然后达成目标。

当然，我们磨炼自己的深耕，其实也不是非要在某个领域坚持一辈子，而是我们通过在这一领域的坚持，把这个行业的日常操作、专业知识、窍门门道……全部摸透，当你深耕这个行业的时候，你不仅仅学会了这些技能，更多的是你要磨炼出和这个行业一起演化、更迭的能力。

你可以在传统行业没落的时候转战互联网，能否顺利过渡，全看你在传统行业时积累的工作能力，这种能力不一定是专业能力，更多的是应变能力、沟通能力、接受新事物的能力。

你也可以从电商平台转战短视频流量，这时候考验你的不是你对产品的了解，而是你的运营能力，你能否把从电商那里搭建的一套销售体系和购买转化率，运用到短视频行业的吸粉和变现中来。

也许你是某平台的签约作家，你要深耕的是自己的写作能力，这项能力出众，你就可以去其他平台发展自己的账号，这是退路。

能力是可以互通有无的，你深耕的过程和不断地发展，是可以迁移到下一份工作的。

你在这个过程中，所接触到的，绝对不只你本职工作的那些内容，你会在这个基础上不断接触演变之后的内容，逐渐地，你会建立起自己的认知能力和体系，进而反哺你原来所在的行业及职责，只有这样，你才叫深耕，才有资格从一而终，不管这个行业如何变迁，你都拥有对它不断更新和变化的能力。

成功的路上没有那么多的人，一部分人仅仅坚持了几个月就放弃了，另一部分人坚持到一年的时候也放弃了，最后只剩下一小部分人，不在乎他人的眼光，不在乎一次次的挫败，对这个领域从一而终，绝不放弃，最终赢在了枯燥的坚持上。

成功的最大捷径，就是从一而终，把一件事情做到极致，无论舞蹈、画画、书法，还是写作、编程、做PPT，你只需要把你最擅长的事情做到最好，你就能够通过这些技能获得财富、地位、自由。

你的投资理念非常简单，别人为什么不复制你的做法？巴菲特回答：因为大多数人不愿意慢慢变富。

慢慢来，对你的专业领域从一而终，最终之所以能够成就你，是因为在这条路上，你练就了不轻易被摧毁的能力，你拥有了超越他人的竞争力，危机来临时，你不惧怕，机遇来临时，你才可以一把抓住。

及时止损，是成年人最大的自律

01

跟同事聊买房的事情，说起一个共同认识的人，不免有些唏嘘。

称呼他为X先生吧，X先生供职于一家薪资待遇不错的公司，妻子是一家公司的HR主管，孩子正在上幼儿园，一家人原本过着平静而体面的生活。

在疫情期间，X先生所在的公司受到重创，于是工资减半、奖金取消，X先生人近中年了，换工作必然带来生活的动荡，不换工作又心有不甘，中年危机和职场瓶颈双重压力扑面而来。

X先生心中抑郁，在几个酒肉朋友的撺掇下，一来二去，迷上了网络赌博。

大家都知道，这种东西沾不得，持续赌下去，早晚得输光，个人是无法跟虚拟网络背后的套路抗衡的，X先生也不例外。

据说，最开始他只投入了几百元，但是赚了不少，尝到了甜头，于是加大了投注，然后就开始输钱。

同事说，在X先生输到七万元的时候，他找亲戚借钱被妻子知道了，妻子哭闹之后，拿出积蓄帮他还了债，X先生也答应不再犯。

如果事情到这里就是结局，那也不会有后来的妻离子散了。

X先生想到之前投进去的钱都打了水漂，心里不平衡，于是又借钱继续赌博，直到自己都无法掌控结局，前后欠了几十万。

普通人的家庭，哪里有几十万的现款，最后只好卖房子，妻子不同意，于是两人闹到离婚。

沉沦其中无法自拔的人，都觉得自己会是例外，但事实证明，大多数人还是普通人，有着自我认知的局限，没有例外。

如果你真正明白"天上不会掉馅饼"这个道理，你就知道，第一回发现苗头不对时，就应该及时止损，否则投入的时间、精力、金钱越多，最后损失越大，最后，极有可能酿成悲剧。

如果X先生早点明白，及时止损相当于悬崖勒马，他也不会沦落至此。

02

认识一个非常拎得清的人。

是在一次活动中认识的，他是另外一个活动公司的负责人，活动在隔壁城市，我们过去属于人生地不熟，到了吃饭时间，我跟对方正好有事情要协商，就近找了一家饭店，边吃边聊。

可能是由于靠近旅游景点，菜的价格较贵，但却做得很难吃。

那位负责人吃了几口，便停了下来，我问他："吃饱了吗？"他说："没有，这个菜油盐太重，还是不吃了，你能吃下吗？不能的话，我们换别家试试？"

他接着说："不要强迫自己忍受，不然我们就是花钱买罪受了，你也吃不惯的话，我们离开吧，换下一家试试。"

那家饭店菜确实不好吃，即使在平时，我想我们大部分人也不会说点完菜，仅仅因为不好吃就换饭店，会因为心疼钱而忍耐着吃完，但是这种行为其实伤害了胃。

那一刻我却觉得这是个不将就的人，他不会把时间浪费在毫无益处的事情上，会在错误的事情上做到及时止损。

生活中我们常常遇到得不偿失的事情。

明明赶时间，却仍然计较打车比较贵，在寒风中等一个小时的公交车，最后上班迟到，扣了钱，全勤奖也跟着泡汤了；明明买了个烂片的电影票，宁愿在电影院睡觉，强撑着让这张电影票值回票价，也不转身离开，去做让自己欢喜的事情；明明不缺东西，却非要为了满减活动而凑单，当下个月还花呗和信用卡的时候，看看收到的一堆无用的东西，才悔不当初。

因小失大

这些得不偿失的事情，其实最初是可以及时止损的，你要知道，你的时间和精力宝贵，不要等到引起不良后果再去后悔。

如果你知道自己的方向错了，已经南辕北辙，不如停下来，停下来其实就是在前进，因为你会规避错误，避免造成损失。

03

不只在工作、生活、投资里，感情上也是一样，见过太多女生，一次次忍耐家暴，一次次妥协于渣男的甜言蜜语，浪费的是自己的大好青春与时间。

去网上一搜索，很多求博主开导的女孩，困在各种情感挫折中，无法自拔。

有个女孩，跟男朋友在一起两年，却分手六次，复合五次，互相拉黑十二次，像一出狗血的偶像剧，陷入爱情沼泽，仿佛没有别的事情可以做。

由于时间和精力都放在了分分合合上，两年后，女孩是最普通的职员，每月薪资付完房租所剩无几，因为只顾着恋爱，朋友也不剩几个了。

好的感情是什么样子的呢？一定是让你积极向上的，让你觉得充满希望，迎着清晨的朝阳醒来；让你有奋斗的动力，好好规划彼此的未来；让你有真实的幸福感，能够坚定地、温和地、豁达地面对琐碎，因为你知道，你有了后盾，有了支撑。

而一份坏的感情，除了让你们互相折磨外，毫无益处，到最后，还会毁掉你的热情、信任，让你泪流不止、憔悴不堪。

面对消耗你的人和事，及时止损，是成年人的感情中最高级的自律。

放弃坏的感情，你才有机会重新看看这个世界，重新拥抱温暖和阳光。

04

内向的人不适合做销售，情商低的人不适合做公关，冲动的人不适合做领导，你能做好你擅长的事情，那些不擅长的，就是你的短板。

既然方向错了，适时调整，就避免走更多弯路，也是为了及时找到正确的路；目标错了，及时更改，就是在最短时间内找到自己所擅长的领域；规划错了，适度调整，就是在降低时间成本。

西方有句谚语："不要为已经打翻的牛奶流泪。"已经打翻了，喝不到了，就不要浪费多余的精力去哭泣，不如再去寻找另外一瓶。

人生是很漫长的，我们需要运用很多智慧，才能过得稍微完美些，因此我们会面临很多选择。

和狐朋狗友在一起，每天吃喝玩乐、挥霍人生，不如及时止损，和努力上进、有格局的人做朋友，尝试加入积极的朋友圈。

和心术不正的人同行，与其钩心斗角，不如及时止损，把时间用来做有意义的事情，你会发现，黑暗里的阴谋远不如阳光下的公开竞争有意义。

很多时候，及时止损是在帮助我们重塑一种更有价值的世界观，让我们摒弃一些不好的行为和思维，去成为更好的自己。

两弊相衡取其轻，两利相权取其重，没必要一根筋走到底，及时止损，涅槃重生。

心底压着失望，仍要表现得当

01

陪朋友喝酒。

前半场她猛灌自己，很快喝到忘我，然后开始号啕大哭，哭的原因说起来是件微不足道的事儿。

某天，她领着大女儿，推着小儿子下楼买菜，电梯里遇见同楼层的大爷大妈，对方不由分说地竖起大拇指给她点了个赞，"嫚儿，每天见你一人带俩孩子，你不容易啊。"

朋友嘴角微微上扬，露出8颗牙齿的国际标准微笑，说："还好，虽然累，但也挺幸福的。"

两户高情商邻居瞬间启动商业互吹模式，大爷大妈称赞她居家贤惠，她夸奖大爷大妈儿女孝顺、有福气，直到出了小区大门分道扬镳，她盯着撒欢跑开的女儿和闹着要下小推车的儿子，突然悲从中来，觉得人生寂寞如斯。

或许让她崩溃的，也不是那句轻飘飘的"你不容易啊"，而是天长日久的消耗，已让她遁无可遁。

后半场她开始补妆，重新描了眼线，补了口红，对着粉饼盒子的镜面做了几个假笑的表情，然后像每个滴水不漏的成年人一般，自圆其说道："发泄出来心情好很多，日子还得继续嘛，我下午得去听个讲座，讲风水的，你要不要一起?"

眼泪来得快而迅猛，却也抽离得格外决然，果然晚上就看到她朋友圈的自拍美照，以及一个描述的普通人似乎都参加不了的令人艳羡的风水讲座图。

中年人崩溃的时间太赶了，要在下一场社交来临之前，擦干眼泪，裹上露肩小礼服，对着镜头，令众人惊艳。

内心不忘说一句："老娘好着呢。"

02

其实谁还不是人前表现得当，人后心碎失望呢？

人近中年的生活，实在太没意思了。

每天睁开眼第一件事就是在早起和多睡会儿之间权衡利弊。

早起那么一会儿，既不能升职加薪，也不能瘦下来，更何况对自己职场的天花板了然于心，能力的边界似乎也无法再拓展得更宽，早起有什么用呢？

然而多睡会儿又觉得罪恶，成功人士都见过凌晨四点的天空。而你连早起都做不到，还谈什么马甲线、迷人锁骨？

于是一边睡眼蒙眬，一边思考人生，还没想好要不要早起，结果就到了非起不可的时间，不然就得面临上班迟到。

但有动力就不一样了。

每天跑步录的视频是要发抖音的，精致早餐得发ins，幽默自嘲发微博，对自律的见解可以在知乎上答疑，实在不行微博新出了绿洲，拍张日出发出来也很文艺清新风。

况且有机会遇见买菜回来的邻居，被夸几句："起这么早的年轻人很少见的，我家孩子要有你一半勤快就好了。"

这种满足感可以维持一早上啊。

坚持几天，你没准会生出自己很优秀，生活很美好的错觉。

甚至不经意间，你已经把生物钟养成了5点半早起、22点半早睡模式，习惯一旦养成，也就成就了你。

03

当然人生的烦心事怎么可能囿于早睡早起这么微不足道的小事，细数起来，每天几乎都有失望的时刻。

但一个人铆足了劲装出毫不费力的样子，除了不想让别人笑话，最重要的，还是时刻提醒自己，别放弃，别气馁，日子还长，失望的时候还多，何不缓解下心情呢?

就是靠这一信念，日复一日的生活才有希望啊。

我知道自己的眼角生了细纹，早生了几根白发，体重又涨了一点，可是那一张张加了滤镜的照片，让我找到了减肥的动力，让我更加注重如何变得真正的美。

刚因为辅导作业一通发火，邻居敲门立马喜笑颜开装作家庭和睦、岁月静好，我克制住继续发脾气的冲动。

明明才还完房贷、交完兴趣班学费，给孩子报了夏令营，这个月感觉只能吃咸菜了，但还有个聚会要参加，于是依旧买了几瓶好酒带过去，因为明白礼尚往来是交朋友应有的礼貌。

桩桩件件构成了俗世生活轨迹，这一生我们都在抵抗不同程度的失望。

这是现实生活。而"装"是你梦想的生活。

我说的"装"不是为了攀比而炫耀，是你要把这口上进、比拼、坚持的精气神儿一直吊着，绝不松弛。

面具戴久了，就成了真正的面容，笑久了，会忘了哭，坚强装久了，慢慢会更坚韧。

其实生活里每一次面对人群的时刻，都是大"装"现场，你的人设就是把自己最好的一面展现出来。

毕竟现实里一地鸡毛，要靠偶尔给自己打个鸡血来支撑一下。

那一口气必须拿捏得当，一旦你在心理上卸下了这道防线，你的状态、皮肤、精神、心气……都将很快地枯萎。

适当地装一装吧，把你的欲望放在明面上，保持你的个性张扬，朝着你所展示的自己努力，让人后的你，像人前的你一样光鲜靓丽。

君子也爱财，认知正向即可

01

认识一个宝儿妈，全职带孩子，丈夫是普通的单位职工，承担着家庭的经济来源。

每次聊天，她的话题总逃不开"我不求大富大贵""我不在乎他挣多少钱"诸如此类的贤惠言辞，这几乎成了她的口头禅。

我其实非常不愿意听她说这样的话，因为她有两个儿子要养，丈夫一个月的薪资不到7000块，在准一线城市来说，生活压力可想而知。

我不知道她这些话是为了讲给我听，试图挽回些面子，还是说给自己听，试图自我催眠，以此来坚定自己的选择，求得心理安慰，我知道的是，她的很大一部分困境，用钱可以解决。

在这个"鸡娃"的大环境里，每个孩子都在学音乐、学艺术、学思维……她的儿子没有报任何兴趣班，因为太贵，培养不起。

我跟她聊天的时候，总是避免谈论大牌的护肤品，也不会聊花钱的项目，偶尔出门买东西总是我抢着付账，不是因为我有钱，而是我知道她没钱。

所以有时候我会劝她，等孩子进了幼儿园，还是要去上班的啊，而且不要再说"不爱钱"这样的话了，正是这种言论给了你放弃的理由，让你产生没钱也可以过得很好的错觉。

没钱怎么会好呢？孩子的兴趣班不是钱堆积起来的吗？你的一身行头不是钱堆积起来的吗？甚至"一分钱掰成两半花"的行为，不是没钱造成的吗？

这些花钱就可以解决的困境，怎么还能说不在意钱呢？

02

我以前也对我先生说过这样的话，我说不图你多有钱，只要我们相爱就够了，后来，当我自己年龄渐长，见过更高层次的世界，对这世界有了更清晰的认知，我不再这样说。

我会要求他必须有养家的能力，我会要求他不断上进，进行思维、知识、常识等方面的积累，我还要求他，保证每一年比上一年拥有更高的生活质量，当然，我自己也在努力。

因为我知道，很多时候，压力就是动力，你学会爱钱，你才可以挣到钱。

在现实的社会里，大多数人似乎都在为钱焦虑，一眨眼就要面对三十年的房贷，挣扎着想再换套配套设施更好的房，瞧了瞧余额，越发睡不着，干脆起来报了个课程，美其名曰知识付费，其实是想学到挣钱的方法变现。

成年人的生活，各有各的不容易，所以我们为钱焦虑，但焦虑不能解决问题，身为普通人，最终让生活变得更好的途径，还是要靠自身的努力，一步一个脚印踏踏实实往前奔。

越是出身普通，越应该想办法努力，因为没人能帮你，除了你自己。也许不能跨越阶层，但一年更比一年好，是可以实现的，只要你明白并做到以下几点：

存钱，不做"月光族"

以小A和小B两个人为例。

小A花钱大手大脚，发了工资先消费，拿俩月工资买一个包，经常出入酒吧，点最贵的酒，拍最炫的照片发朋友圈，住最远的郊区合租房，典型的"月光族"。

小A每个月最常做的事情是拆东墙补西墙，还完朋友的钱，还信用卡的钱，手里没有存款，但外表春风满面，随便一个包包都能让普通人望尘莫及。

小B刚好相反，工作几年省吃俭用攒点钱，凑了首付买房子，虽然也熬过了一段有上顿没下顿的日子，但好在房子有了，市值也翻了两倍，并且，靠着这几年一直努力工作的经验阅历，小B换了工作，涨了工资。

让你选，你做小A还是小B？几年之后，这两个人，谁更有能力承担人生的变故风险？谁更有钱？谁的生活质量相对来说更高？

很多人追求精致，甚至不惜精致地穷着，也要在外人面前看起来光鲜靓丽，其实这是本末倒置的做法，生活质量的提高，不在于一时的炫耀，而是长久的经济支撑，我们都希望精致地活着，但如果没有精致的资本，最起码有变得精致的目标，而不是徒有其表。

　　如果你不是富二代，存钱可以让你完成这样的目标，可以让你应对世间大部分困难。

　　2020年的疫情让很多人失去了工作，很多实体店倒闭关门，有存款的人，可以撑到入职新工作；而那些月光族，势必会陷入新一轮的焦虑危机，因为他真的一无所有。

增强赚钱的能力

　　也许受疫情的影响，这半年我被好几个微信好友拉进了群，高尔夫教练成了某APP内部促销员，个体美容老板娘卖力地推销衣服和鞋子，上班族开始批发应季水果，草莓樱桃猕猴桃，一应俱全。

　　在你看不到的日子里，大家都在努力多挣一点钱，兼职、加班、搞副业，不过都是为了让日子好过点。

　　其实挣钱的路子很多，如果你是设计师，可以在工作之余积累些客户，发展兼职私活儿，接不了大案子，可以接小案子，凡事都靠日积月累，当你积累的小案子足够多，经验足够丰富的时候，你的设计水平和设计经验，都能为你发展大客户，甚至为你的本职工作锦上添花。

做兼职、发展副业，挣钱相对来说并不稳定，最好的方式，就是深耕眼前的专业能力，一个销售，如果房子卖得好，那他去卖车，也不会差到哪儿去。

同事的妻子，为了会计考试，奔四的人了，每晚看书到凌晨一两点，想要升职加薪，没有别的办法，只有靠自己。

我常常光顾一家寿司店，坐落在商场里，受疫情影响，有大半年时间处于停业状态，生意大受损失，好在老板平时就注重积累用户，已经建立了十几个会员群，每天在群里分享店铺和工具消毒的过程，做寿司的过程，并配上各种优惠促销等一系列做法，还会免费包邮请大家试吃新品。甚至由于非常时期，老板亲自送货。

如此下来，群里每天都有人订购寿司。虽然不及以前挣得多，但最起码可以保持部分资金运转。正是由于这种极大的自律与坚持，让老板度过了非常时期，商场恢复正常运营之后，店铺生意依然火爆。

如果说做兼职和搞副业都属于广撒网，而找到适合自己的创业路，那专业能力属于深耕，而且很有必要，这是长远发展的基础，就像盖楼房，打好了地基，无论多少层，都会稳固。

其实对于大部分人来说，工作是最稳定的经济来源。很多人渴望一夜暴富，想办法投机取巧，却从不脚踏实地经营好自己的专业。

人的想法可以是在工作过程中不断钻研的，也可以是跟同事朋友交流的过程中了解到的，更可以是通过读书、看电影、听演讲受启发出现的，唯独不是做白日梦得到的。

长期的坚持和自律能让人更专业，专业又能够带来非常时期的思维变通，而这种变通，足以让你从容面对任何难关。

花钱投资自己

存钱，是为了以备不时之需；挣钱，是为了提高生存资本和生活质量；而正确地花钱，才能够打造出你的个人品牌。

你花的每一笔钱，都会为你带来相应的反馈，比如你穿20块钱的鞋子出门，大概率会被磨到脚板起泡，痛苦地走路，会导致看景致的好心情全无。你花一千元喝酒，跟你花一千元上一个月的舞蹈课，给你带来的成就感截然不同。

在花钱提升自己这件事上，希望你不遗余力，外在形象重要，内在素养和能力也重要，短暂地投资自己，会带来长久的回报。

我开美容院的朋友，打玻尿酸，激光祛斑，做眼角，把自己打扮得很漂亮，因为她明白自己就是店里的招牌，如果她自己不够美，如何说服别人，这家店能够帮顾客变美呢？

成年人的学习是和金钱挂钩的，拿出一部分钱来投资自己，或许在四十岁的时候皮肤依然白嫩、身材依然完美，或许在专业领域打造一片天地，早早实现财富自由，又或许凭借些许才艺崭露头角，为自己无形中创造了机会……总之，你对自己的投资，稳赚不赔。

现实社会是复杂的，你不仅要学会赚钱，还要学会让自己保持持续赚钱的能力，投资自己，其实是用现在的钱，建立抵抗未来风险的链接。

学会居安思危，哪怕在顺境中，也不要忘记提升自己。

03

其实要想挣足够多的钱，天时地利人和缺一不可，但能抓住风口的人少之又少，未来，可能更多的是我们无法想象的行业，我们的生存技能将面临巨大的挑战，但机会一定是留给做好准备的人，迈出你的舒适区，你才有机会在新的未知里淡定地站着，而不是倒下。

知道存钱，学会挣钱，合理花钱，随着年龄和阅历的增长，你一定能够找到合适的路，并越走越宽，不要妄想一夜暴富，很容易被收智商税，所有不劳而获挣大钱的方法，都写在《刑法》里了。

但也不必就此认命，人生太长了，长到你总有机会去改变原来的轨迹，只要你掌握了方法，选对了方向。

当你努力上进工作时，就算不能跨越阶层，但你一定会比从前的自己更有钱。身为普通人，能够每年上一个台阶，已经很好了，房子会有，车子会有，你想要的也许会迟到，但终会来的。

有这三种特质的人，不会过得太差

看到一组关于外卖员的调查数据。

华中师范大学社会学院郑广怀教授团队，2019年7月到2020年对武汉的快递员和外卖员做了调查，数据显示：近七成武汉外卖骑手每日工作时长在8~12小时，月均工资为5882元，而2019年武汉市社会平均工资8170元。

也就是说，外卖骑手的月均工资水平，远低于武汉市工资的社会平均水平。

但是，我们也常常看到新闻报道，也有外卖员月入过万。有位号称"单王"的外卖小哥，从早6点上线接单，到晚8点停止接单，每天都配送几十单，骑行100多千米，从业一年多累计骑行33674千米。

月入万元的外卖小哥多吗？显然不多，并且，在各行各业拿高薪、坐高位的人，都不多。

那月入万元的外卖小哥有吗？显然也是有的，同样的工作环境，同样的工作流程，挣钱多与挣钱少之间的区别，就在于谁用心，谁想到方法，谁在有效的时间内接了最多的单，谁更渴望挣到钱。

其实，任何一项职业都是如此，想要崭露头角、收获财富，除了肯吃苦耐劳，还必须有过人的胆识和谋略，和异于平常人的方法和秘籍。

对于我们普罗大众来说，挣到钱应该是最基本的目标和动力了，而能够挣到钱的人，基本都有以下三种特质。

擅用智慧和方法，举一反三

很多人勤勤恳恳地工作，看似努力，也任劳任怨，却总是与升职加薪无关，其实是因为，这些人仅仅是在完成本职工作，没有可圈可点的亮处，也没有贡献额外的价值。

就好比说，你新进入一个公司，有前辈指点你，你学会了。下次再有类似但不完全一样的问题，你还要去请教前辈，这说明你没有变通的能力，且惧怕变化带来的未知，因此你需要请教，需要有人拿主意。

如果再有类似但不完全一样的问题，你不但懂得如何处理，还能够随机应变，在原来的处理方式上演化出具体情况具体分析的方法，那么，你就做到了举一反三。

举一反三的好处，就是能够提升你额外的附加值，做好本职工作是应该的，只能保证你基本的薪资待遇，而附加值才能帮助你升职加薪。

我常去一家店买衣服，不仅仅是因为店员服务态度好，更重要的原因，是我在她们家可以花费最少的时间，买到最称心如愿的衣服。

这家连锁店有两个店员，都是热情好客的女子，她们建了一个群，把潜在的意向客户都拉进群里，每日发布衣物搭配照片，不是那种精修的模特图，而是这两位店员自己的实拍图，她们闲时会把衣服从头到脚地搭配好，在商场每个干净的角落都拍过照。同时，她们还会告诉你优惠折扣后的最低价格。

对于我这种没时间逛街的人来说，既省去了瞎逛的时间，又省去了思考如何搭配的时间，而对于喜欢逛街的人来说，也提供了非常好的穿搭参考。

对比一下，她们隔壁那家服装店，我只去过一次就拒绝再登门了，服务效率天差地别。

其实这两位店员做了什么呢？她们只是比其他店的销售店员多了思考和行动，用一些看似简单但实际有效的方法，吸引了潜在的意向客户，同时留住了老客户，一个店铺要想获得更高的营业额，新客户、老客户缺一不可。

一个店铺想要获得利润，与销售人员的气场密不可分，你要懂得运用各种方式促进销售，你就能获得更多的利润空间，你只是等在柜台听之任之，你当然无法完成营业额任务。

学霸之所以是学霸，一定是掌握了学习方法，同一类型的题换种提问模式仍然可以解答；外卖"单王"经过了时间和路途的换算，用最短的时间派送最多的单，获得最好的服务评价；销售业绩佼佼者，一定也花了更多的心思在促销上，让自己拥有更多的顾客……

他们无一例外，都有着举一反三的特质，把这项特质发挥到极致，挣钱的机会就会来临。

仔细想想，用智慧和方法研究的到底是什么呢？当然是如何让你更喜欢他们的产品，更依赖他们的品牌，这样的人，怎么会不成功？

无论手里的牌有多烂，决不放弃

电影《阿甘正传》的男主角，是一个智商有点低的男孩。上天给了他先天性的缺陷，他不聪明，不讨喜，被忽视，被欺侮……

然而，无论境遇如何，阿甘依然淳朴善良，敢于接受自己的缺陷，并知道如何处理；坚持自己的秉性做事，专注练习乒乓球，一心一意；拥有健全的三观，重情义，为了在意的人勇敢；严格遵守纪律，在军队中得到重用……后来他成了橄榄球巨星，百万富豪，战争英雄。

电影总有夸大的运气成分，但是我们依然能够从中学到，尽管人生像一盒巧克力，我们永远不知道吃到的下一块是什么，但我们可以凭借自己意志的力量，学会适应，尝试选择，拼命努力，试图改善；学会在那块坏的巧克力里找到一点点甜，然后抓住命运里的每一次机会，支撑着自己，直到拥有下一块更好的巧克力。

阿甘的底牌原本是差之又差的，但他没有抱怨，而是跟上帝握手言和，没有破罐子破摔，反而坚定奔跑，不言放弃，最终才有了功成名就的幸运，所有的幸运，不过都是努力的积累。

我非常喜欢的集大成者，曾国藩先生，面对挫折这样说："古来大有为之人，每于艰险之时，坚忍支撑得住，可做非常事业。"

曾国藩虽是强者，但也遭遇过多次战败，湖口之败、江西受困、祁门遭围……他几乎心神俱碎，甚至写下遗嘱。他最终还是挺了过来，把这些挫折当成磨砺，把屈辱化作动力，他曾在奏书中把"屡战屡败"改成"屡败屡战"，改一个字，所折射出的含义却大相径庭。

伟人所遇到的挫折与困境，相较于常人其实更多、更严峻，而我们普通人，手里的牌再烂也不过是原生家庭无法帮忙，甚至拖后腿，也不过是学业成绩不佳，没上更好的学校，没找到更好的工作……

但只要身体健康，思维灵活，勤勉上进，做好准备，机会总会来临的，想要出人头地，想要成大事者，必然得有异于常人的品格，关键在于不要放弃。

人生如爬山，向上攀爬的人看似很多，实则中途退却的更多，越往上爬，人越少，底层在拥挤，越向上攀登，路越宽阔，既已买了门票，不如就爬到山顶看看，那里有更大的契机和风景。

不止步于岁月静好，居安思危

很多人都渴望稳定，不懂变通，其实哪有什么岁月静好，世界唯一不变的就是变化。

打败今麦郎的，不是康师傅、统一，而是外卖；打败实体店的，不是同行竞争，而是电商平台；打败你的，不是对手，而是时代。

互联网时代，智能崛起，行业颠覆，变化是常态，所以，在动荡中练就稳定的能力，也是能够改善境遇的必备素质。

2001年，华为发展势头正好，任正非却在企业内刊上发表了一篇《华为的冬天》，开篇是这样说的："公司所有员工是否考虑过，如果有一天，公司销售额下滑、利润下滑甚至会破产，我们怎么办？我们公司的太平时间太长了，在和平时期升的官太多了，这也许就是我们的灾难。泰坦尼克号也是在一片欢呼声中出的海……居安思危，不是危言耸听。"

当所有人，包括员工都看到华为高歌猛进、销售额不断上升、规模不断扩大的时候，任正非却对成功视而不见，每天思考着失败、危机、萎缩、破产……他认为这一切一定会到来。

于是，华为参与到全球供应链体系中，大量采购合作伙伴的产品，企业之间强强联合，打造利益共同体；坚持投入芯片的研发，即使公司弱小的时候；在5G技术上的投入已达40亿美元……

或许正是由于任正非这种强烈的忧患意识，不断在拓宽企业的每一个发展领域，华为才能挺过一次又一次的"寒冬"：华为全球手机出货量已经正式超过苹果，成为世界第二，即使在美国禁令下，依然能够保持增长；在全球30多个国家获得了50个5G商用合同，5G基站发货量超过15万个，位列全球第一，拥有的5G专利技术数量占业界的20%；成为全球移动通信行业的领军者，其产品和解决方案已经应用于全球170多个国家，服务全球运营商50强中的45家。

大企业的居安思危，决定了它的发展寿命，普通人的居安思危，决定了他的发展前途，两者相同的地方在于，无论是企业，还是个人，只有具备了危机意识，才能够未雨绸缪，才能够咬定青山不放松，始终保持着战斗力。

岁月静好，从某个程度上来说，等同于你放弃了自己的野心，只关注眼前，不期待以后，而居安思危，是让你与压力共生，在安逸中生出继续奋斗的决心，这是成年人一生都需要修的课程。

　　无论你身处哪个行业、哪个领域，正遭遇着哪种困境，想要翻身、想要崛起，你一定要学会居安思危，想到办法，拯救垮掉的人生。

优秀的人，都具备这六种能力

国庆节回家，听母亲说起我的一个小学同学，要结婚了。

我跟同学是同龄人，我的孩子已经上小学了，他却才结婚，他不是被剩下的，是他主动剩下的。

这些年我们没什么联系，依稀从母亲和邻居的聊天中，拼凑出他的消息。

他复读了三年。其实上学时他的成绩中等偏上，算不得很好，考985或211一类的学校还是有点难度，当然也算不得坏，拼尽全力也能考个拿得出手的本科，但是不至于落榜。

他之所以接连复读，是因为没有考到心仪的学校，他的目标是考到北京的一所大学，然后出国，拿全额奖学金。

我是钦佩他的，换作是我，忍受一年的复习生涯已是极限；我也是羡慕他的，他最终走入心中的那座金字塔，后来去了美国留学，拿没拿奖学金不得而知，我知道的是，他靠着异于常人的坚持，实现了自己的梦想。

我直到现在还记得我们儿时曾有过的一场对话。

在上学路必经的一座桥上，他问："我长大后想出国，你呢？"

我告诉他，我对出国没兴趣，我想写一本小说，在哪都能写，不用非得出国。

他有点迷茫地说："你没去过，怎么知道自己不喜欢呢?"

我反问他："你也没去过，为什么非要去呢?"

他好久没有再回答，后来，他用实际行动回答了我，考上心仪的大学，去了美国，然后归来做了高管，我也出版了几本书，虽不是小说类型，却也算是打了个擦边球实现了愿望，我们算是各得其所。

回想起他这些年的努力，他的优秀一直有迹可循。

懂得自己想要什么，然后专注去做，趁年轻不怕失败，可劲儿折腾。

知道自己适合做什么，然后拼命朝着这个方向出发，不达目的不罢休。

更明白自己的战场在哪里，选择了就坚持，绝不放弃。

堕落的人各有各的理由，但是我从他身上看到，优秀的人，都具备以下几种很强的能力。

专注力

其实我们是不缺乏毅力的，我们最缺的是专注力。

有没有发现，当你想要读书、听培训课、学习专业知识的时候，隔一会儿就要看下手机，其实并没有什么信息，无非是各个APP给你推送的内容，娱乐八卦、各类课程、新荐歌单，等等。

说真的，但凡你有一秒"就看一眼"的念头，等你关掉手机屏幕的时候，可能一个小时已经过去了，尤其是短视频类的段子，看的时候不觉得有什么，看完才发现不知不觉就荒废了半天的时间。

本来我们的时间就是碎片式的，大脑又本能地想要得到工作之外的休息，何况玩是一种本能，因此当我们工作、读书、学习等做一切"反人性"行为的时候，就容易被美食、刷剧、微博等这类符合人性的事情打断，一旦打断，衔接困难。

其实，培养专注力没有那么难，关掉手机，你做事成功的概率会大很多。

执行力

2020是不寻常的一年，似乎还没怎么过，就已经到了年底，年初立的flag一个一个地打脸，在朋友圈写下的目标一个也没有实现，列好的书单一本都没看完，想报的培训班一节课都没有体验。

列过的计划很多，真正实施的却少之又少，以至于，我们自己始终心存各类遗憾，其实，想法多的大有人在，最终无法实施，大部分原因是缺乏执行力。

我自己就是一个重度拖延症患者，每当开会或者活动多时，我脑子里会出现很多新奇的想法，我喜欢有创意的内容，喜欢每次的方案与众不同，但问题是，我仅用脑子想了一遍，用意念完成了对整件事情的策划。

我相信自己如果去做，可以做得更好，但实际上我一天天拖到最后，根本没有时间去做得更好，不管我有多少创意，我没时间验证。

庆幸的是，我知道自己的症结在哪，为了改善这种拖延，我每每暗示自己，开始做一件事时，不要想开始，不要想过程，更不要想结果，不要悲观地预测悲壮的结局，也不要意淫觉得大获成功。

就像你刚上高一，就在纠结考大学时，应该选择清华还是北大，如果你把时间都用来做白日梦，最终就是自作多情，两所大学你都会失之交臂。

但是如果你把时间用来立刻开始学习，每天坚持学习，清华北大才有可能对你敞开大门。

总之，摈弃白日梦的状态，强迫回归到现实中来，立即执行。

学习力

去年夏天，入住海边的一所酒店，尝试了一下机器人送货。

可以在手机上用APP直接下单购买需要的物品，然后选择机器人送到房间，机器人会坐电梯上楼下楼，到了房间门口还会自动给房间里的座机打电话，提醒你去开门收货。

人工智能早已渗透我们的生活，这是快速发展的时代所给予我们的福利，让我们有幸参与到科技和智能层面，但这也是对我们的挑战，当机器人能够代替人类做大部分工作的时候，人类要做什么呢？

《人类简史》的作者，历史学家尤瓦尔·赫拉利说过：未来人类要准备好，每十年要重塑自己一次，扔掉自己过时的知识、技能、经验、假设和人脉，重新来过。

这个时代发展得太快，无人机可以拍视频，无人酒店已经常见，阿尔法狗打败了围棋不败高手柯洁，甚至，在我们所不知道的领域，时代正在发生着质的更迭。

所以，我们为什么需要不断成长和学习？表面上似乎是为了不轻易失业，为了保持竞争力，实际上，是让自己能够在这个社会上生存下来。

学习是一个缓慢的过程，甚至贯穿我们的一生。所以我们的老祖宗早就说过"活到老，学到老"这样的名言。

尤其是在这样的时代，我们面临着前所未有的巨大挑战，不仅仅是人与人之间的竞争，还有人与科技之间的竞争。

不要以为考上大学就完事了，职场也需要学习，不要以为努力工作就完事了，情感也需要学习，不要以为结婚就完事了，相处也需要学习。

生活的方方面面，都考验着我们，能否尝试新的方法解决工作中的麻烦，能否跨越舒适区，闯出一条新的道路？能否接受新的挑战，换个行业从头开始？

如果你持续保有学习力，你的底气会强很多。

沟通力

我的一个女友是HR主管，深受老板器重。

每当我有解不开的人际关系问题时，就去跟她聊天。

就是闲聊，然后在聊天中慢慢消除了疑惑，跟她聊天是一件很舒服的事，没有压力，但是无形中又能感受到她的气场，没有顾忌，但是分寸和边界感又拿捏得很到位。

总之，她不会叫你失望，我觉得，跟善于沟通的人一起，是种享受。

相反，那些不善于沟通的，隔着屏幕都能让你感到尴尬。

你认定的好朋友，每次跟你聊天，说不了几句，就貌似体贴地对你说："下班了吧？快早点回家吧。""该吃饭了吧？快去吧。""是不是很忙？不打扰你了。"

试问不管多么好的朋友，每次如此，你还有继续跟对方聊天的欲望吗？

你觉得甲方欺人太甚，方案改了又改，最终却用了第一版，于是你愤而攻之，在群里大放厥词，你觉得是直爽，在利益面前就是情商低，因为款项还没结呢。

不会沟通的人，看似直爽，其实是"缺心眼"的另一种代名词。而真正会沟通的人，每次都能化险为夷。

自控力

自我情绪控制能力不用多说了，相信我们每个人都知道。我想说的是，不纵欲的能力。

通宵打游戏，熬夜刷短视频，暴饮暴食……这每一项，说轻松点是"纵欲"，说得难听点，其实就是在消耗自己的生命。

为了那短暂的快感，冒着猝死的风险也要打几局游戏，哪怕第二天上班可能迟到，还是等到凌晨2点才入睡，尽管体重已经严重超标，仍然管不住嘴，不停地往嘴里塞美食。

这些暂时的放纵带来了一时半会的享受，长远来看，却摧毁着你的健康，蚕食着你的身体，直到你丧失了自我，找不到好好生活的动力。

你没有动力享受清晨的阳光，也没有动力认真体会向上的滋味，你的生活一步步失去控制。

所以，你的自控力不仅仅要体现在情绪上，还应该合理地规划自己的生活，不要做那种当下很爽却无益于未来的事情，不要浑浑噩噩失去掌控生活的能力，不要让你的欲望过度泛滥，只贪图及时享乐，却忘了为自己的未来搭桥建路。

懒惰的人总能找到各种借口，而优秀的人总在锻炼各种能力，好好修炼，优秀就离你不远。

尾 篇

你未来的路，藏在你的自律习惯中

01

我在二十岁之后，才养成了洗完澡涂身体乳的习惯。

我不善于化妆捯饬自己，比起化妆，我更愿意读书；比起医美，我更喜欢听培训讲座；比起割双眼皮，我更在意我的脑子能否独立思考问题；比起聊八卦、谈老公孩子，我更喜欢独处……

我缺乏对美容、护肤、养发的热衷，因此到了成年之后，我时常洗完澡忘记涂身体乳，时常随手拿过 一本书就看半天而忘了吹头发敷面膜，我也很少去做美容，对文眉、隆鼻、打玻尿酸完全不在行。

直到后来，我结交了一群精致的朋友们，她们每天给我分享美容、护肤、护发等各类小常识，她们很少看我写的文章，却会买我的书送人，她们也从不在朋友圈喊口号，却把孩子培养成学霸，自己还顺便考了几个证。

也是这时我才明白，每个人的与众不同是依据习惯造就的，你未来的路就藏在你的习惯里。

那个爱美的女子，从高中就学会了化妆，每天洗完澡，都会花一两个小时研究保养皮肤和身材，成年后，她在"小红书"分享冻颜秘籍，吸引了大批粉丝；那个喜欢买买买的女子，开了服装店，你只消去她的店里瞧一瞧，她就能帮你规划出完美的穿搭风格；还有那个热爱数学的女生，考上了研究生，当上了大学教授，发表了几篇相关的论文，前途无量。

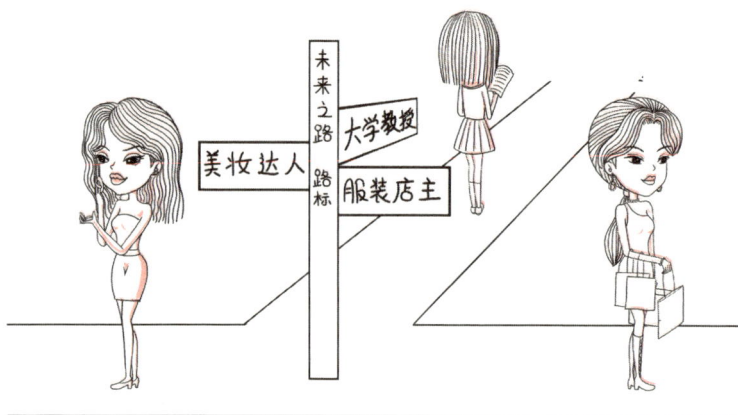

好的习惯不需要非常刻意地去坚持，你要发掘你擅长的部分，然后主动以自律的方式养成习惯，而不是被迫地接受你不擅长的部分。

当你把你最爱做的事情以自律的方式发展成习惯，所有的收获都会水到渠成。

02

人生的积累从来不是一蹴而就。

那些做大做强的公号自媒体人，有很多经过了传统纸媒的磨炼，从记者、编辑转战新媒体行业，虽然换了形式，却依然保持着对内容的精准把控，对新闻观点的敏感度，从未放下职业习惯，因此，即使换了战场仍然得心应手。

去医院看病，每个人都想请专家诊断，而这些专家一开始也是从实习医生开始的，他们见识过各类疑难杂症，经过一年又一年的实践与磨砺，才练就了一身的丰富经验，成为某一领域的专家。

当清醒的认知和不断地积累，成为你的习惯，你才有机会修炼出无可替代的技能，你才有底气说，你在这一领域经历了深耕，拥有了坚不可摧的利器。

我的一个好朋友，她的闺女是学霸，从一年级到五年级，始终保持着前五名，朋友说没什么诀窍，就是刷题，然后从中积累答题技巧，除了学校的作业之外，每天坚持做一篇阅读理解，每天坚持读3本英文绘本，每天坚持做应用题和口算竖式，当然，还有三五不时的卷子试题。

听起来不难，但是养成日复一日的习惯很难，在这坚持的过程中，你还要去掉重复无用的，汲取有营养的，形成自己的一套系统。

当系统性的习惯养成之后，后边却变得非常容易。

朋友的女儿，因为有了前几年的坚持，五年级之后，学习根本不用父母操心，完全可以自主完成，自我激励，自己想办法解决。

职场亦如此，在一个上升的行业里，只要你拥有了大量的积累，掌握了其中的方法和窍门，你大概率是可以不断升级的。

03

没有积累，即使工作多年，你依然是个新人。

两年前，有人向我约稿出书，当时我觉得自己没达到出书的水准，于是拒绝了，拒绝的另一个原因是，那个人不靠谱。

他加了我的微信之后，只说他是哪家出版社的编辑，再无后话，于是我也没多问，但是他仍然隔三岔五就跟我微信聊天，问我要不要出书，对于出书的相关内容，却只字不提，无论是版税条件、选题、方向，还是文章内容、要求，甚至他的名字，我也是过了很久才知道的。

在他询问几次之后，我以为他确实有与我合作的意愿，于是主动邀他电话聊细节，一通电话结束后，我便决定了不会与他合作。

他应该有三十多岁，但在聊天中，却仿佛实习生一样，我问一句，他回答一句，回答的总是模棱两可，甚至支支吾吾。

他是希望与我合作的，但沟通过程中，却是我一直在主导话题，他给我的印象，一点都不专业。

后来与另外的作者聊起来，对方说，这个编辑也找过她，她同样觉得不靠谱，辗转询问了几个人，才知道，这个编辑由于专业不突出，能力也不行，跳槽了好几个出版社。

我很少以貌取人，也从不拿年龄说事儿，但我相信直觉，尤其是直面的沟通中，对方的能力、谈吐、教养、专业能力甚至人品，都能够从侧面得到论证。

直到后来，我遇到我第一本书的编辑，是个很年轻的姑娘，想法新奇大胆，办事周到可靠，策划能力专业，她为我解答了很多出版行业的疑惑，是她的引领，让我的第一本书出版非常顺利。

她在这个行业不久，但我相信她一定有很多积累和良好的习惯，让她看起来有素质有教养，又专业又有能力。

04

厉害之人的厉害之处，不仅取决于天赋，还取决于他对外界事物的积累和转化，造就的汲取养分的能力。

其实不管你怎样过一天，这一天都会过去，你不管用怎样的方式生活，你的人生也总有结束的时候，既然如此，为什么你不从中得到一些什么呢？

是睡到日上三竿，得到懒惰，还是选择勤快努力，去公司抓紧学习自己还未曾掌握的知识？

是对着游戏自欺欺人，还是保持成长，终身学习，不断提升自己的专业技能，成长为一个无可替代的人，始终保有竞争力？

是自我安慰平凡可贵，还是走出舒适区，去突破自己的边界，打破面临的瓶颈，重塑自己？

人生是逆水行舟，不进则退。那为什么，你不选择前进呢？

未来的路好不好走，关键在于你有怎样的习惯。

乔布斯曾说，在你生命的最初30年中，你养成习惯。在你生命的最后30年中，你的习惯决定了你。

岁月从来不会因为你年龄大而格外照顾你，只会因为你脑子里有知识、肚子里有墨水，才让你有解决问题的能力，在这个快节奏的时代，胜利是属于强者的，强者需要良好的习惯和强大的自律。

好的习惯，会让你终身受益，从现在开始，迈出脚步，管好自己，用良好的习惯，去对抗未来路上的坎坷，去成就更好的人生。